数 据 素 养

主 编 邓海生
副主编 沈忠杰　韦艺璠

北京理工大学出版社
BEIJING INSTITUTE OF TECHNOLOGY PRESS

内 容 简 介

《数据素养》是一本全面介绍数据素养培养的通识教材，旨在帮助读者建立正确的数据思维，掌握基本的数据分析技术，提升在科学研究中运用数据的能力，同时为培养读者的人工智能素养奠定基础。

本书分为 3 个篇章：数据思维篇、数据分析技术篇和科学研究篇。数据思维篇通过生动的案例，引导读者认识到数据的重要性，培养用数据说话、用数据决策的思维模式。数据分析技术篇详细介绍了数据获取、数据预处理、数据分析和数据可视化的基本方法和工具，帮助读者掌握数据处理和分析的核心技能。科学研究篇则结合具体的科研项目申报书案例，展示了如何在科学研究中运用数据素养，以提升研究的质量和水平。

本书主要适用于高等院校本科生数据素养方面的教育教学工作。同时，本书是一本能够较好地培养青少年数据思维、数据意识及数据分析能力的科普读物。

图书在版编目（CIP）数据

数据素养／邓海生主编. -- 北京：北京理工大学出版社，2025.1.
ISBN 978-7-5763-4669-5

Ⅰ. G254.97

中国国家版本馆 CIP 数据核字第 202538YV85 号

责任编辑：陈　玉　　　文案编辑：李　硕
责任校对：刘亚男　　　责任印制：李志强

出版发行 ／ 北京理工大学出版社有限责任公司
社　　址 ／ 北京市丰台区四合庄路 6 号
邮　　编 ／ 100070
电　　话 ／（010）68914026（教材售后服务热线）
　　　　　　　（010）63726648（课件资源服务热线）
网　　址 ／ http://www.bitpress.com.cn
版 印 次 ／ 2025 年 1 月第 1 版第 1 次印刷
印　　刷 ／ 涿州市京南印刷厂
开　　本 ／ 787 mm×1092 mm　1/16
印　　张 ／ 9.5
字　　数 ／ 223 千字
定　　价 ／ 88.00 元

前　言

在信息化浪潮席卷全球的今天，数据已经成为一种重要的资源和资产，深刻影响着我们的生活方式、工作模式乃至科研创新。因此，培养数据素养，掌握数据处理和分析的能力，对于当代大学生来说显得尤为重要。

本书旨在帮助读者建立正确的数据思维，掌握基本的数据分析技术，并能在科学研究中灵活运用。全书分为数据思维篇、数据分析技术篇和科学研究篇3个部分，力求从理论到实践，全面系统地介绍数据素养的核心内容。

在数据思维篇中，我们将通过一系列生动的案例，引导读者认识到数据的重要性，学会用数据思维去发现问题、分析问题、解决问题。在数据分析技术篇中，我们将详细介绍数据获取、数据预处理、数据分析和数据可视化的基本方法和工具，帮助读者掌握数据处理和分析的核心技能。在科学研究篇中，我们将结合具体的科研项目申报书案例，展示如何在科学研究中运用数据素养，以提升研究的质量和水平。

本书在数据素养教育领域有着鲜明的特色，具体如下。

（1）内容全面系统：涵盖了数据素养的主要方面，从数据思维的培养，到数据分析技术的掌握，再到科学研究中的数据应用，形成了一个完整的知识体系，有助于读者建立起完整的数据素养框架。

（2）理论与实践相结合：通过大量的实践案例和操作指导，帮助读者将理论知识转换为实际操作能力，使读者能够更好地理解和掌握数据素养的核心技能，提高学习的效果和实用性。

（3）案例丰富生动：精选了多个生动有趣的案例，包括历史典故、现实生活中的事件及科学研究中的实例等。这些案例不仅有助于读者更好地理解数据素养的重要性和应用场景，还能够激发读者的学习兴趣和积极性，使学习过程更加轻松愉快。

（4）注重实用性和可操作性：详细介绍了常用数据分析工具的使用方法和操作步骤，并提供了大量的操作截图和实例，使读者能够轻松地掌握这些工具的使用技巧。同时，书中提供了大量的拓展训练题目，能够帮助读者巩固所学知识，提高实际应用能力。

（5）跨学科融合：将数据素养与多个学科领域进行融合，结合科学研究篇的案例，展示了数据素养在科研项目申报和实施过程中的重要作用。这种跨学科融合的特色，使本书更具包容性和普适性，能够满足不同专业背景读者的需求。

　　本书是一本系统、实用、易懂的数据素养教材，能够帮助读者在信息化社会中更好地适应和发展。同时，期待读者能够在学习和实践中不断探索、创新，为数据素养的培养和推广作出更大的贡献。

编　者
2024 年 5 月

目 录

第三部分　科学研究篇

第一部分
数据思维篇

第1章 数据思维

导 读

涂子沛先生在他所著《数商》一书中提到：自古以来，数据就代表着事实、逻辑和智慧。在汹涌而来的现代智能时代，数据正在扩展新的边界，拥有新的内涵。我们正在进入一个"数据不是一切，但一切都将变成数据"的时代。

1.1 从结绳记事到伏羲八卦再到甲骨文

"结"最初的用途是用以捆绑物体或将其连接起来。随着人类生活经验的不断积累，人们发现可用"结绳"来表达思想，并将"结绳"作为媒介与生活实践紧密相连。结绳记事促进了"结"的多样性发展，使"结"在具备美好寓意之后更快、更直接地成为饰物并沿用至今。时过境迁，中国绳结如今依旧存在，并且已然成为全体中华儿女团结和睦的象征。

人们在劳动实践中发现也可用木头、石块、泥板等物体作为介质，来刻画各种符号和标志进行传播，即"契刻"。它主要用来记录数目，但记录范围较小，缺乏准确性。

随着新石器时期的到来，社会文明也在不断发展，古人开始思考宇宙、自然、社会、生命的关系，于是，一种辩证的、抽象的思考方式——伏羲八卦便产生了。八卦刻于龟板、鼎器、兽骨、蚌壳上，有专家认为，八卦符号也是文字产生的前身。伏羲——传说中人类的始祖，他教民结网，从事渔业畜牧。"河出图，洛出书，圣人则之"，伏羲依据天象创制八卦，并制作出太极图，用"—"代表阳，用"--"代表阴，用这两种符号介质，按照大自然的阴阳变化组合成8种不同的形式。6 000年前的伏羲八卦，作为没有文字时期的古文明的瑰宝，它不仅是连接古代与近代文明的枢纽，还深刻浓缩了宇宙间重要的基本规律，堪称宇宙的全息缩影图。八卦图是我国最早的科学思维、哲理、文化的鼻祖，对生命科学、自然科学、天文科学及诸子百家思想等都产生了较大的影响。例如，我国留法学生刘子华，曾运用"八卦"原理算出了第十颗行星的质量、行速及轨距。

后来人们增加了契刻的方法，通过图画的方式来帮助记忆、表达思想。随着时间的推移，这样的图画越来越多，画得也就不那么逼真了，从而促进了文字的产生。在龟甲或兽骨上契刻的文字——甲骨文,是中国一种古老的文字,也是最早的汉字。

如前所述,刻痕是"计",结绳是"记",这恐怕就是数据技术的发展起源。

拓展阅读

我国某先进工业技术研究所所做的研究就是关于一个人的坐姿。很少有人会认为一个人的坐姿能表现什么信息,但是它确实可以。当一个人坐着的时候,他的身形、姿势和重量分布都可以被量化和数据化。

该先进工业技术研究所工程师团队通过在汽车座椅下部安装360个压力传感器以测量人对座椅施加压力的方式,把人体臀部特征转换成了数据,并用0~256这个数值范围对其进行量化,这样就会产生独属于每个乘坐者的精确数据资料。在这个实验中,系统能根据人体对座位的压力差异识别出乘坐者的身份,准确率高达98%。这项技术可以作为汽车防盗系统安装在汽车上。有了这个系统之后,汽车就能识别出驾驶者是不是车主;如果不是,系统就会要求驾驶者输入密码;如果驾驶者无法准确输入密码,那么汽车就会自动熄火。把一个人的坐姿转换成数据后,这些数据就孕育出了一些切实可行的服务和一个前景光明的产业。

例如,通过汇集这些数据,我们可以利用事故发生之前的姿势变化情况,分析出坐姿和行驶安全之间的关系,由此研发出的系统可以在驾驶者疲劳驾驶的时候发出警示或自动刹车。

拓展思考

拓展阅读提示我们:该先进工业技术研究所把一个从不被认为是数据甚至不被认为和数据沾边的事物转换成了可以用数值来量化的数据模式。

借助OCR(Optical Character Recognition,光学字符识别)技术,图片上的文字内容,可以直接转换为可编辑文本。对地理位置进行数据化,需要能精确测量地球上的每一块地方、一套标准的标记体系,以及收集和记录数据的工具。物联网是一种典型的数据化手段,即在生活中的事物中植入芯片、传感器和通信模块,事物就能转换为数据形式。

因此,大数据发展的核心动力来源于人类测量、记录和分析世界的渴望。信息技术变革随处可见,如今信息技术变革的重点在"T"(Technology,技术)上,更要在"I"(Information,信息)上。现在,我们是时候把聚光灯打向"I",开始关注信息本身了。你认为这个观点对吗?

1.2 智慧城市的先行者与典范

在快速推进的城市化进程中,南京作为六朝古都,不仅承载着深厚的历史文化底蕴,更在智慧城市的建设上走了全国乃至全球的前列。近年来,南京充分利用物联网、大数据、云计算和人工智能等先进技术,推动城市管理的智能化、精细化,打造了一个充满科技感和未来感的"智慧之城"。

在南京，智慧路灯不仅是城市照明的工具，更是城市管理的"神经末梢"。南京积极推进"路灯杆—合并杆—5G智慧杆"的研究及基础设施建设，通过合理布局的智慧路灯网络，为智慧城市"大脑"实时提供海量城市运行数据。这些智慧路灯不仅具备远程精准启闭、亮度调节等功能，还集成了环境监测、交通管理、公共安全等多种智慧应用。例如，通过挂载环境监测传感器，智慧路灯可以实时监测空气质量、温/湿度等数据，为城市环境治理提供科学依据；通过视频图像分析技术，智慧路灯可以识别交通违法行为，提高交通管理效率。

在燃气安全领域，南京也进行了智慧化升级。新街口燃气安全示范区内的调压柜监测设备、管网智能监测设备及远程控制阀门等设备，共同构建了一个全天候、全方位的燃气安全监测体系。这些设备可以实时监测燃气管网的运行状态，一旦发现燃气泄漏或异常情况，将立即触发报警预警机制，并远程关闭阀门切断气源，从而确保城市燃气安全。

南京通过智慧化手段解决了市民停车难、充电难的问题。在江北新区、秦淮区等多个区域，南京市城市建设投资控股(集团)有限责任公司(简称南京城建集团)通过"智改数转网联"焕新传统城市照明设施，推出了充电围栏等智慧城市应用场景。这些充电围栏利用路灯的照明电源进行供电，实现了24小时不间断充电服务。同时，南京积极推进智慧停车系统建设，通过智能识别技术实现车位预约、导航、支付等功能，极大地方便了市民的出行。

此外，南京还搭建了多个智慧城市服务平台，如"洲岛城市服务智慧平台"等。这些平台通过集成市政管养、环卫保洁、绿化养护、河道水务等多个模块，实现了城市管理的智慧化、一体化。平台利用AI技术、物联网设备等手段，对城市运行数据进行实时监测和分析，为城市管理者提供科学决策支持。同时，平台通过信息发布、应急广播等功能，为市民提供便捷的生活服务。

拓展阅读

苹果公司的传奇总裁史蒂夫·乔布斯在与癌症斗争的过程中采用了不同的方式，成为世界上第一个对自身所有DNA和肿瘤DNA进行排序的人。

对于一个普通的癌症患者，医生只能期望他的DNA排列与试验中使用的样本足够相似。但是，乔布斯的医生能够基于乔布斯的特定基因组成，按所需效果用药。如果癌症病变导致药物失效，那么医生可以及时更换另一种药，也就是乔布斯所说的"从一片睡莲叶跳到另一片上"。乔布斯开玩笑说："我要么是第一个通过这种方式战胜癌症的人，要么就是最后一个因为这种方式死于癌症的人。"虽然他的愿望都没有实现，但是这种获得所有数据而不仅是样本的方法还是将他的生命延长了好几年。

拓展思考

拓展阅读提示我们：社会进入全数据模式时代，即"样本＝总体"。

统计学认为：采样分析的精确性随着采样随机性的增加而大幅提高，但与样本数量的增加关系不大。例如，在商业领域，随机采样被用来监管商品质量。在信息处理能力受限的时代，人们缺少分析工具，因此，随机采样应运而生。如今，手机传感器和网站点击等被动地收集了用户的大量数据，而计算机可以轻易地对这些数据进行处理，数据分析技术长足发展、数据分析工具应运而生。

当然，在某些特定情况下，我们依然可以使用样本分析方法，但这不再是我们分析数据的主要方式。慢慢地，我们会完全抛弃样本分析。你认同这个观点吗？

1.3 普利策新闻奖

因为一则关于交通事故的报道，美国一个县的总发行量不足 23 万份的地方报纸《太阳哨兵报》近年来却名声大震，并获得了 2013 年度的普利策新闻奖。

2011 年 10 月，美国佛罗里达州劳德代尔堡市发生了一起因为超速行驶而导致的恶性交通事故，肇事者是一名退休警察。当地报纸《太阳哨兵报》的记者克斯汀在查阅历年的数据之后，怀疑警察开快车的行为可能相当普遍。

为了获得相应的证据，克斯汀抱着测速雷达，连续几天守在高速公路边，一看见有超速的黑点，就驱车直追。但路上车辆太多，常常发现追的不是警车，一到晚上，警车更是难以辨认。另外，就算碰上的恰好就是警车，克斯汀也无权截停，仅仅通过照片或录像，证据还是不够充分。

克斯汀最后想出的办法是，根据美国的《信息自由法》，她向当地的交通管理部门申请数据开放。因为警车是公务车，所以公民有权了解其使用状态。她因此获得了 110 万条当地警车通过不同高速路口收费站的原始记录，然后对这些数据进行整合和分析。她先选取两个特定的收费站并测算它们之间的距离，再在 110 万条记录中找到每一辆警车通过这两个不同收费站的时间点，用这两个收费站之间的距离除以其时间差，即得到该警车在这段路程中的平均行驶速度。

令人震惊的是，13 个月内，当地的 3 900 辆警车一共发生了 5 100 起超速事件。也就是说，警车超速的行为几乎每天都在发生，96% 的警车的超速速度为 144~176 km/h，当地 1/5 的警车都有时速超过 144 km 的劣迹。而且，时间记录表明，绝大部分超速行为发生在警察上、下班时间和上、下班的途中。这意味着，这些开快车的行为并非为了执行公务。

铁"数"如山。克斯汀的报道引起了舆论的一片哗然，同时，引起了当地警务部门一场"大地震"，数十名警察受到开除、停发工资、警告、剥夺驾驶权等不同程度的处罚。

1 年之后，克斯汀又向交通管理部门申请开放了新的数据。同期对比的数据分析表明，当地警察超速的个案下降了 84%。在新的报道中，克斯汀甚至把数据分解到了各个警务部门，详细罗列了每一个部门的改进水平。

克斯汀的相关报道获得 2013 年度普利策新闻奖。可以想象，如果不是通过使用数据，类似于"警察群体开快车"的社会问题，可能永远都无法在法庭上得到证实，这种知法犯法的特权行为，也永远得不到有效的治理和纠正。

克斯汀用数据来治理警察开快车的事迹，可以给我们带来诸多思考，其中，最直接的启示是可以用数据来监督、发现行驶超速的问题。

在 2012 年进行的一项试验中，IBM（International Business Machines Corporation，国际商业机器公司）曾与加利福尼亚州的太平洋天然气和电气公司及汽车制造商本田合作，收集了大量信息来回答关于电动汽车应在何时何地获取动力及其对电力供应的影响等基本问题。

基于大量的信息输入，如汽车的电池电量、汽车的位置及附近充电站的可用插槽等，IBM 开发了一套复杂的预测模型或系统。它将这些数据与电网的电流消耗及历史功率使用模式相结合，通过分析来自多个数据源的巨大实时数据流和历史数据，来确定司机为汽车电池充电的最佳时间和地点，并揭示充电站的最佳设置点。最后，系统需要考虑附近充电站的价格差异，还有天气预报，也要考虑到。例如，如果是晴天，那么附近的太阳能供电站会充满电，但如果预报未来一周都会下雨，那么太阳能电池板将会被闲置。

系统采用了为某个特定目的而生成的数据，并将其重新用于另一个目的，换言之，数据从其基本用途移动到了二级用途。这使它随着时间的推移变得更有价值。汽车的电池电量指示器告诉司机应当何时充电，电网的使用数据可以通过设备收集到，从而管理电网的稳定性。这些都是一些数据的基本用途。这两组数据都可以找到二级用途，即新的价值。它们可以应用于另一个完全不同的目的，即确定何时何地充电及充电站的设置点。此外，新的辅助信息也将纳入其中，如汽车的位置和电网的历史使用情况。而且，这些数据不只会使用一次，还会随着电子汽车的能耗和电网压力状况的不断更新，一次又一次地为 IBM 所用。

拓展阅读提示我们："取之不尽，用之不竭"的数据创新可以创造新的数据价值。数据就像一个神奇的钻石矿，当它的首要价值被发掘后仍能不断给予新的价值。它的真实价值就像漂浮在海洋中的冰山，第一眼只能看到冰山的一角，而绝大部分都隐藏在表面之下。你认可这种观点吗？

1.4　幸存者偏差

大约在 1940 年，在英国和德国进行的空战中，双方都损失了不少轰炸机和飞行员。因此，当时英国军方研究的一大课题就是：在轰炸机的哪个部位装上更厚的装甲，可以提高本方飞机的防御能力，减少损失。由于装甲很厚，会极大地增加飞机的重量，不可能将飞机从头到尾全都用装甲包起来，所以研究人员需要作出选择，在飞机最容易受到攻击的地方装上装甲。

当时的英国军方研究了那些从欧洲大陆空战中飞回来的轰炸机。飞机上的弹孔主要集中在机身中央、两侧的机翼和尾翼部分。因此，研究人员提议，在弹孔最密集的部分装上装甲，以提高飞机的防御能力。

这一建议被美国统计学家亚伯拉罕·瓦尔德否决。瓦尔德连续写了 8 篇研究报告，指出这些百孔千疮的轰炸机是从战场上成功飞回来的"幸存者"，因此，它们机身上的弹孔对于飞机来说算不上致命。要想救那些轰炸机飞行员的性命，更正确的方法应该是去研究那些被打中并坠毁的轰炸机，这样才能有的放矢，找到飞机最脆弱的地方并用装甲加强。瓦尔德的建议后来被英国军方采纳，挽救了成千上万的轰炸机飞行员的性命。

像"幸存者偏差"这样的统计问题，在我们的日常生活中非常普遍。我们应该明白"幸存者偏差"产生的原因，以及其对统计结果可能造成的扭曲。我们应该以科学严谨的态度看待"幸存者偏差"问题，尽量不让这样的统计花招迷惑了自己的双眼。

拓展阅读

20 世纪 90 年代初，美国一家大型连锁超市的管理层面临着一个挑战：如何优化商品布局，以提升销售额。为此，他们决定利用当时刚刚兴起的数据库技术进行深入的消费者行为分析。

数据分析师们开始收集并整理超市内每一件商品的销售数据，包括销售时间、数量、顾客年龄层、购买习惯等。在浩如烟海的数据中，一个看似不起眼的关联引起了他们的注意：啤酒和尿布这两类截然不同的商品，其销售量在每周的某个时间段内总是呈现出惊人的同步增长趋势。

超市管理层迅速抓住了这一商机，将啤酒和尿布摆放在相邻的货架上，并加大了这两类商品的促销力度。这一调整果然奏效，不仅提升了啤酒和尿布的销售量，还带动了周边商品的销售，为超市带来了可观的业绩增长。

拓展思考

拓展阅读提示我们：知道"是什么"就够了，没必要知道"为什么"。在大数据时代，我们不必非得知道现象产生的原因，让数据自己"发声"即可。从哲学角度看，大数据提供了一种新角度来认识因果关系和随机关系。

相关关系的核心是量化两个数据值之间的数理关系。相关关系强是指当一个数据值增加时，另一个数据值很有可能也会随之增加。例如，谷歌流感趋势：在一个特定的地理位置，越多的人通过谷歌搜索特定的词条，该地区就有更多的人患了流感。相关关系弱则意味着当一个数据值增加时，另一个数据值几乎不会发生变化。例如，我们可以寻找关于个人的鞋码和幸福的相关关系，会发现它们几乎不存在什么关系。

相关关系分析为研究因果关系奠定了基础。通过找出可能相关的事物，我们可以在此基础上进行进一步的因果关系分析，如果存在因果关系，那么我们就再进一步找出原因。相关关系能为我们提供新的视角，一旦我们把因果关系考虑进来，这些视角就有可能被蒙蔽掉。也就是说：关系好找，因果难寻，"上帝已死"。你同意这种观点吗？

1.5　侦破"霍乱案件"

在经历中世纪(公元 5 世纪后期—公元 15 世纪中期)黑死病的恐怖威胁后，19 世纪的英国在工业化和城市化进程中又遭遇了霍乱与其他疫病。以伦敦为例，1832 年、1848 年、

1854 年、1866 年先后经历了 4 次霍乱的侵袭。

在相当长的一段时间里，霍乱传播最为广泛的"常识"——无论是医学精英、政界人士还是寻常百姓，大多坚信恶劣的空气特别是瘴气，是霍乱之源，也是霍乱传播的罪魁祸首。当时，公共卫生领域的领军人物埃德温·查德威克、现代护理学的创立者弗洛伦斯·南丁格尔等都支持这一看法。因此，他们认为，应对霍乱传播的做法是"以毒攻毒"，即用燃烧劣质煤产生的浓烟来对抗霍乱和其他疫病。

不过，伦敦的一名全科医生约翰·斯诺却认为事实并非如此，并致力于追寻真相。1848 年霍乱过后，他写了一篇 31 页的论文《霍乱传播模式》，论证霍乱是通过摄入被污染的水而传播的。文中列出了伦敦各区市民在 1848—1849 年霍乱的死亡率，南区的死亡率最高，为 7.95‰；北区的死亡率最低，为 1.10‰，符合伦敦南区供应的泰晤士河水比北区供应的水肮脏得多的事实。斯诺认为，宽街发生的霍乱是通过泵井传播的。为了直观地弄清泵井与因霍乱死亡之间的关系，斯诺还把每一例死亡都用一道短横线来标记，形成了一张图。这张图后来以"霍乱死亡地图"或"鬼地图"著称于世。

1883 年，德国的罗伯特·科赫医生分离出霍乱弧菌，并确定霍乱只能通过不卫生的水或食物传播。至此，霍乱是通过水传播而非瘴气传播的科学知识才确立起来，斯诺的理论最终获得了科学证明，后人尊称其为英国流行病学奠基者之一。今天，在伦敦宽街有一家以约翰·斯诺命名的酒吧，酒吧对面还建有纪念性的泵，基座上铭刻着他的事迹，以纪念他在预防霍乱方面做出的贡献。

著名的医学杂志《柳叶刀》发表评论文章：斯诺的调查富有成效，位列现代医学调查的榜首，因为他的严谨和归纳，霍乱通过污染水源传播的理论得到了证实。他对人类做出了巨大的贡献，因为他，我们才能找到霍乱传播的源头和途径并迎战，斯诺给我们带来的福音，我们应该铭记。

拓展阅读

我国某炼油厂里，无线感应器遍布整个工厂，形成无形的网络，能够产生大量实时数据。酷热的恶劣环境和电气设备的存在有时会对感应器的读数有所影响，形成错误的数据，但是数据生成的数量之多，可以弥补这些"小错误"。随时监测管道的承压使管理人员了解到，有些种类的原油比其他种类的原油更具有腐蚀性。以前，这都是无法发现也无法预防的。

拓展思考

拓展阅读提示我们：数据量的大幅增加会造成结果的不准确，与此同时，一些错误的数据也会混进数据库。在大数据时代，我们认为上述问题无法避免，并学会接受错误的数据，即允许不精确性的存在。从哲学的角度讲，缺陷也是一种美，我们要学会包容，也就是眼睛里能够揉得进沙子。

执迷于精确性是信息缺乏时代和模拟时代的产物。在传统数据处理中，仅有大约 5% 的数据是结构化的，并且这些数据能够轻松地适配传统的数据库系统。如果我们不能容忍一定程度的混乱和不完美，那么剩下的大约 95% 的非结构化数据将无法被充分利用。只有当我们接受了不精确性的存在，并愿意在这样的基础上进行探索和分析，才能开启一扇通往未知世界的窗户。你认同这个观点吗？

1.6　数据思维测试

以下关于数据思维的测试题库，源自涂子沛老师的《数商》一书。

本测试题分为两大类：一是关于数据价值观、数据思维和日常习惯的测试；二是关于现代数据科学知识和技能的测试。但为了计分方便，两类题目并没有按类别和重要性的次序排列。

测试题一共有 32 题，需要时间为 30～40 分钟，最高分为 100 分。第 1～19 题：答对一题得 3 分；第 20～28 题，每选择一个 A 得 0 分，选择一个 B 得 1 分，选择一个 C 得 2 分，选择一个 D 得 3 分；第 29～30 题，每选择一个 A 得 0 分，选择一个 B 得 1 分，选择一个 C 得 2 分，选择一个 D 得 3 分，选择一个 E 得 4 分；第 31～32 题，每选择一个 A 得 0 分，选择一个 B 得 2 分，选择一个 C 得 4 分。

全部题目均没有复杂的计算，如果涉及计算，则可以用估算的方式从选项中找出正确答案。下面就来真实地测试一下自己的数据思维水平吧！

同时，针对以下测试，制作了问卷调查，建议扫描以下二维码完成问卷，方便了解自己的数据思维测试水平。

问卷网址：https://www.wjx.cn/vm/YdJ28b3.aspx#。

问卷二维码

第二部分
数据分析技术篇

第2章 数据及数据化

《周易·系辞》中记载"上古结绳而治，后世圣人易之以书契"，意思是上古时代没有文字，人们用结绳的方式来帮助记忆，到了后世，圣人才用文字取代了结绳。结绳记事就是原始人用给绳子打结的方式来记录时间、人数、男人或女人，打结的不同位置和不同形状表达不同的意思，我国古书《周易注》里有"结绳为约，事大，大结其绳，事小，小结其绳"的记载。

2.1 数据发展史

数据技术的发展历史就是人类追求美好生活过程最真实的写照。最早的数字不是阿拉伯人发明的，数字的起源如同文字起源一样古老。如导读所言，我国古人早于阿拉伯人发明数字之前，就有结绳记事的记录，如图 2-1 所示。随着人类社会经历农业文明、工业革命和信息技术的发展，本书列举了数据发展的标志性事件。

1. 计数法

印度-阿拉伯数字系统是一系列的十进制计数系统，此系统类似于一种语系，当代的很多文字系统里的不同记数符号都是起源于此系统。其起源于印度的婆罗米数字，在中世纪时传入中东和西方。各个地区根据当地的文字系统改造了其数字字符。现在还在使用的三大分支是：西方阿拉伯数字，世上最流行的记数系统；阿拉伯文数字，中东和西亚地

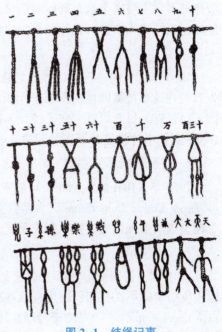

图 2-1 结绳记事

区最流行的记数系统；印度数字，印度祖传的记数系统。

2. 赌博催生了概率论

17世纪中叶，法国贵族德·美黑写信向当时法国的数学家帕斯卡请教骰子投注时押金分配的问题（甲、乙两人投注，他们两人获胜的概率相等，比赛规则是先胜3局者为赢家，一共进行5局，赢家可以获得100法郎的奖励。当比赛进行到第4局的时候，甲胜了2局，乙胜了1局，这时，由于某些原因中止了比赛，那么如何分配这100法郎才比较公平?）。

帕斯卡和数学家费尔玛一起，研究了德·美黑的问题。于是，一个新的数学分支——概率论登上了历史舞台。1657年，荷兰著名的天文学家、物理学家兼数学家惠更斯编写了《机遇的规律》一书，该书是最早的概率论著作，其中提出了一个概念——数学期望。

3. 数据分析与统计的应用——格朗特与死亡公报

从1604年开始，伦敦教会为了应对当时战争和黑死病的影响，每周都会发布一次死亡公报(Bills of Mortality)，这份公报不仅公布了死者的名单，还使用了死因分类来详细记录。到了1612年，公报中的死因分类已经达到了63种。格朗特基于这些数据进行了深入的分析，他认为，儿童在5岁之前死亡的概率大约为1/3，而在6岁之前死亡的概率高达1/2，仅有7%的儿童能够寿终正寝。基于这些数据和自己的分析，格朗特估算出在16—17世纪的伦敦，16~56岁的成年男性占据了当时总人口的34%，并且他预测有7万人会死于黑死病。此外，格朗特开创性地提出了在不确定性条件下作出决策所需要的关键理论概念，如抽样、平均数、置信度等，这些理论概念为统计分析的发展奠定了坚实的基础，使统计分析成为一门科学。

4. 数据分析与可视化的应用——斯诺与霍乱

1854年，一场霍乱在伦敦悄悄开始。斯诺访问了有霍乱患者的家庭，详细登记了患者的姓名、年龄、疾病发作时间、卫生条件及是否喝过疑似污染水源的百老汇街区的水，最终得出"霍乱是通过饮用水传播的"这一结论，并将病例的分布画在一张地图上，这样可以清楚地看到围绕哪个水泵周围的居民发病率显著高于伦敦市其他地方。斯诺绘制的伦敦霍乱爆发地图成为数据可视化的开山之作。

5. 数据库的起源

1880年，美国进行人口普查的数据全靠手工处理，历时7年才得到结果。同年，美国人口调查局职员霍列瑞斯发明了用于人口普查数据的穿孔卡片及机器，并用于1890年美国人口普查，仅6周就完成了统计。霍列瑞斯后来创建了制表机公司，该公司后来改名为IBM。穿孔卡片就是数据库的起源。

6. 关系数据库的出现

1970年，IBM的埃德加·科德博士发表了一篇划时代的论文 *A Relational Model of Data for Large Shared Data Banks*（《大型共享数据库的关系模型》），开启了关系数据库时代，这个模型依旧是现在大多数数据库系统的基础。1981年，埃德加·科德获图灵奖。

7. 互联网的崛起

1991年，蒂姆·伯纳斯·李定义了超文本规范，标志着万维网的诞生。1998年，谷歌搜索引擎第一次亮相，成为搜索互联网数据的工具。始于出版社经营者奥莱利和Media-Live International(一个专注于全球媒体行业的机构)之间的一场头脑风暴论坛，Web 2.0诞生，即用户生产的 Web，其中大部分内容由服务的用户提供，而不是由服务提供者本身提供，这为数据大爆炸奠定了基础。

8. 大数据时代来临

2005 年，Hadoop 这个开源框架被创造出来，专门用于存储和分析大数据集。它的灵活性使它对管理非结构化数据（如语音、视频、原始文本）特别有用，我们正在越来越多地生产和收集这些数据。大数据进入大规模应用阶段，大数据应用渗透各行各业，数据驱动决策，信息社会智能化程度大幅提高。

2.2   数据

2.2.1   数据的概念

数据是指对客观事物进行记录并可以鉴别的符号，是对客观事物的性质、状态及相互关系等进行记载的物理符号或这些物理符号的组合。它是可识别的、抽象的符号。

数据不仅指狭义上的数字，也可以是具有一定意义的文字、字母、数字符号或它们的组合，还可以是图形、图像、视频、音频等，也可以是客观事物的属性、数量、位置及其相互关系的抽象表示。例如，"0、1、2⋯""阴、雨、下降、气温""学生的档案记录"等都是数据。数据经过加工后就成为信息。

信息与数据既有联系，又有区别。数据是信息的表现形式和载体，可以是符号、文字、数字、语音、图像、视频等。信息是数据的内涵，它是加载于数据之上，对数据所具有含义的解释。数据和信息是不可分离的，信息依赖数据来表达，数据则生动具体地表达出信息。例如，我们可以通过 Excel 创建总和、平均数这些有意义的描述性统计信息。在生成信息之后，我们就可以创造知识甚至智慧，正如运筹学大师罗素·阿科夫在 1989 年提出的"数据—信息—知识—智慧"层级关系所描述的金字塔模型，如图 2-2 所示。

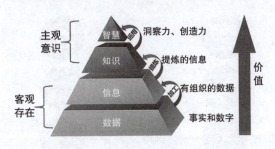

图 2-2   金字塔模型

随着人类社会信息化进程的加快，在我们日常生产和生活中，每天都在不断产生大量的数据。数据已经渗透到当今社会的每一个领域，成为重要的生产要素。对企业而言，从创新到所有决策，数据推动着企业发展，并使各级组织的运营更为高效，可以认为，数据将成为每个企业获取核心竞争力的关键因素。数据资源已经和物质资源、人力资源一样，成为国家的重要战略资源，影响着国家和社会的安全、稳定与发展，因此，数据也被称为"未来的石油"。

2.2.2 数据的组织形式

计算机系统中的数据组织形式主要有两种，即文件和数据库。

1. 文件

在计算机系统中，很多数据都是以文件形式存在的，如文本文件、网页文件、图片文件等。文件的文件名包含主名和扩展名，扩展名用来表示文件的类型，如文本文档、图片、音频、视频等。在计算机系统中，文件是由文件系统负责管理的。

2. 数据库

计算机系统中，另一种非常重要的数据组织形式就是数据库。今天，数据库已经成为计算机软件开发的基础和核心，数据库在人力资源管理、固定资产管理、制造业管理、电信管理、销售管理、售票管理、银行管理、股市管理、教学管理、图书馆管理、政务管理等领域发挥着至关重要的作用。从 1968 年 IBM 推出第一个大型商用数据库管理系统 IMS(Information Management System，信息管理系统)至今，人类社会经历了层次数据库、网状数据库、关系数据库和 NoSQL 数据库(Not only SQL，非关系数据库)等多个数据库发展阶段。关系数据库仍然是目前的主流数据库，大多数商业应用系统都构建在关系数据库的基础之上。但是，随着 Web 2.0 的兴起，非结构化数据迅速增加，目前，人类社会产生的数字内容中有90%是非结构化数据，因此，能够更好地支持非结构化数据管理的 NoSQL 数据库应运而生。

什么是结构化数据和非结构化数据呢？结构化数据也称为行数据，是用二维表结构来逻辑表达和实现的数据，严格地遵循数据格式与长度规范，主要通过关系数据库进行存储和管理。与结构化数据相对的即是不适合用二维表结构来表达的非结构化数据，包括所有格式的办公文档、各类报表、图片、音频、视频信息等。支持非结构化数据的数据库采用多值字段、子字段和变长字段机制进行数据项的创建和管理，广泛应用于全文检索和各种多媒体信息处理领域。结构化数据与非结构化数据的对比如图 2-3 所示。

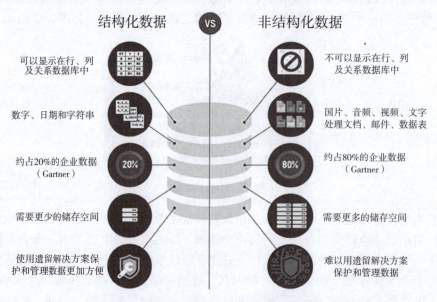

图 2-3 结构化数据与非结构化数据的对比

2.2.3　数据的使用

日常生活中存在着各种各样的数据，如何对这些数据进行分析并应用呢？数据分析有着一套比较规范的操作步骤，包括明确思路与制订计划、数据收集、数据处理、数据分析、数据显示和报告撰写。

1. 明确思路与制订计划

清晰的数据分析思路是有效进行数据分析的首要条件，也是整个数据分析过程的起点。思路清晰可为资料的收集、处理和分析提供明确的指导。想清楚之后，就可以开始制订计划，只有思路清晰，才能确定方案，这样分析起来才会更科学、更有说服力。

2. 数据收集

数据收集是按照一定的数据分析框架，收集与项目相关数据的过程。数据收集为数据分析提供资料和依据。收集的数据类型包括一手数据和二手数据。一手数据是指能直接获得的数据，如公司内部数据库；二手数据是指需要加工整理后才能获得的数据，如公开出版物中的数据。数据收集的来源主要有企业内部数据库、公开出版物、互联网、市场调查等。

3. 数据处理

数据处理就是将项目所需要的数据进行处理，使其形成适合数据分析的方式。因为数据质量会直接影响数据分析的效果，所以它是数据分析前必不可少的阶段。数据处理的基本目标就是从大量、混乱、难懂的数据中提取出有价值的、有意义的数据。数据处理主要包括数据清洗、数据转换、数据提取、数据计算等处理方法。

4. 数据分析

数据分析就是运用适当的分析方法和工具，对收集到和处理过的数据进行分析，提取出有价值的信息，形成有效结论的过程。如今，许多企业会选择使用专业的数据分析工具，并根据自己的需要进行分析，以满足企业级最终用户报告、数据可视化分析、自助探索分析、数据挖掘建模、人工智能分析等大数据分析需求。

5. 数据显示

通过数据分析，隐藏在数据中的关系和规律将逐渐出现。此时，数据显示模式的选择尤为重要。数据最好是以表格和图形的形式呈现，即用图表说话，帮助人们在大量的数据中快速发现重要信息，使人们更容易地对比数据之间的差异和相似之处，更好地理解数据之间的关系和规律。

6. 报告撰写

数据分析报告是对整个数据分析过程的总结与呈现。数据分析的原因、过程、结果和建议都通过报告完整呈现，供决策者参考。一份好的数据分析报告，不仅要有明确的结论、建议和解决方案，而且应该图文结合、有层次，可以让读者一目了然。

2.3　数据化

2.3.1　数字化和数据化的区别

这里需要明确两个概念：数字化和数据化。数字化和数据化大相径庭。数字化指的是把模拟数据转换成用 0 和 1 表示的二进制码，这样计算机就可以处理这些数据了。20 世纪90 年代，我们主要对文本进行数字化，随着存储能力、处理能力和带宽的提高，现在，我们也能对图像、视频和音乐等内容进行数字化了。数据化代表着对某一件事物的描述，通过记录、分析、重组数据，实现对业务的指导，其本质特征是以数据分析为切入点，通过数据发现问题、分析问题、解决问题，打破传统的经验驱动决策的方式，实现科学决策。

关于数字化和数据化的差异可以参考如下案例进行思考理解。2004 年，谷歌发布了一个计划，它试图把有版权条例允许的书本内容进行数字化。起初，谷歌所做的是文本数字化，也就是将书本每一页扫描后存入谷歌服务器的高分辨率数字图像文件，但此时谷歌拥有的只是一些图像，这些以图像形式存在的数字化文本是没有办法被查找和分析的。随后，谷歌采用了能识别数字图像的 OCR 软件来识别文本中的字、词、句和段落，如此一来，书页的数字化图像就转换成了数据化文本，进而实现了检索、查询和文本分析。

2.3.2　一切皆可数据化

人类文明的发展史，也是浩瀚数据产生、迭代与进化的历程。如果说世界的意义在于刷新，那么数据则是这种刷新的根本属性和存在形式。无论我们心中是否还带着对旧时代的眷恋和对新时代的惶恐，一个"一切都被记录，一切都被分析"的数据化时代都已经到来。在大数据时代，在由数据构成的世界中，一切社会关系都可以用数据表示，人是相关数据的总和。在这个时代，虚拟数字空间与现实世界平行存在、精准映射、深度交融。哈佛大学社会学教授加里·金说："这是一场革命，庞大的数据资源使各个领域开始了量化进程，无论学术界、商界还是政府，所有领域都将开始这种进程。"以量化方式表达万物，或者世界的本质就是数据，不只是如今时代才具有的特征。只是今天因为技术的发展，更接近了这一本质而已。2011 年《科学》杂志上的一项研究显示，来自世界上不同文化背景的人们每天、每周的心情都遵循相似的模式，这项研究建立在两年多来对 84 个国家 240万人的 5.09 亿条微信的数据分析上，情绪被数据化了。

数据定义万物。当一切关系皆可用数据表征，一切趋势皆可用数据预测时，若通过数据化手段洞悉人类行为和人类社会，探索如何从社会微观行为的随机与无序中揭示社会宏观行为的共性特征，则人类看待世界的方式可能会发生转变，将会重构自然、经济、社会变化下的社会秩序、社会规则、社会行为、社会治理……，一个崭新的数字社会就会诞生。以流行病预测为例，我国政府相关部门于 2010 年开始与百度等互联网巨头合作，希望借助互联网公司收集的海量网民数据，进行大数据分析，实现流行病预警管理，从而为流行病的预防提供宝贵的缓冲时间。

数据连接万物。数据化万物的结果即万物互联，"连接"成为数字时代最基础和最重要的特征。人类历史的发展过程就是一个不断拓展和深化与万物联系的过程。借助互联网、大数据、人工智能等现代信息技术，不仅人与人之间可以连接，人与物、物与物之间都可以连接，这种关联已经超越时空、地理甚至种类边界。以智能交通为例，包括北京、上海、广州、深圳、厦门等在内的各大城市，都已经建立了公共车辆管理系统，道路上正在行驶的所有公交车辆和出租车都被纳入实时监控，通过车辆上安装的 GPS（Global Positioning System，全球定位系统），管理中心可以实时获得各车辆的当前位置信息。

数据量化万物。当世间万物都变成了数据，实现了"世间万物的数据化"，也就是实现了"量化一切"时，世间一切事物就都可以作为"变量"，接受数据分析，实现潜在价值。英国物理学家威廉·汤姆森说："当你能够量化你谈论的事物，并且能用数字描述它时，你就确实对它有了深入了解。但如果你不能用数字描述它，那么你的头脑根本就没有跃升到科学思考的状态。"数据作为一种新型的表征世界的方式，正在深刻变革人类社会的沟通方式、组织方式、生产方式、生活方式，驱动着人类迈入数字文明新时代。

拓展训练

问卷调查是一种常用的数据获取途径。它是指通过制定详细周密的问卷，要求被调查者据此进行回答以收集资料的方法。所谓问卷是一组与研究目标有关的问题，或者说是一份为进行调查而编制的问题表格，又称调查表。它是人们在社会调查研究活动中用来收集资料的一种常用工具。调研人员借助这一工具对社会活动过程进行准确、具体的测定，并应用社会学统计方法进行量的描述和分析，以获取所需要的调查资料。

大数据背景下，数据素养培养既是我国高等院校素质教育的重要组成部分，也将成为我国整体教育规划的核心内容。数据素养是指具备数据意识和数据敏感性，能够有效且恰当地获取、分析、处理、利用和展现数据，并对数据具有批判性思维的能力，它是对统计素养和信息素养的延伸和扩展。

那么，您所在高等院校大学生数据素养的水平怎么样呢？我们可以通过问卷调查的方式采集相关数据，进行大学生数据素养分析。"问卷样表：大学生数据素养现状调研表"可以用于定性研究。

问卷样表：大学生数据素养现状调研表

一、基本信息

1. 您的性别：A. 男　B. 女
2. 您所在年级：A. 大一　B. 大二　C. 大三　D. 大四　E. 已毕业
3. 您的专业类别：A. 信息技术类　B. 经济类　C. 管理类　D. 理工类　E. 文史类 F. 艺术类　G. 农学类　H. 医学类　I. 其他

二、数据素养测度

1. 您认为数据是什么？
A. 就是数字　　　　　　　　　　B. 一种符号
C. 一种信息　　　　　　　　　　D. 多元化、多联系的信息
2. 您在日常学习生活中清楚自己需要哪些数据吗？
A. 十分清楚　　　　　　　　　　B. 比较清楚

C. 大概知道 D. 完全不清楚

3. 在日常生活中，您会注意保护自己或他人的数据隐私吗？

A. 十分重视 B. 较为重视

C. 一般重视 D. 从没注意过

4. 您有了解过我国的知识产权保护条例吗？

A. 十分重视，严格遵守 B. 较为了解，较为遵守

C. 大概了解过 D. 从未了解过

5. 在解决问题时，您会主动去收集数据吗？

A. 会进行全面收集 B. 可以较为全面地收集

C. 大概收集一下 D. 从不收集

6. 您是否擅长运用数据去解决自己遇到的问题？

A. 十分擅长 B. 比较擅长

C. 水平一般 D. 很不擅长

7. 在对收集到的数据进行处理时，您是否能准确评估其价值？

A. 有很强的判别能力 B. 有较强的判别能力

C. 判别能力一般 D. 判别能力较差

8. 在日常生活中，您是否能高效分类整理自己的数据资源？

A. 此能力很强 B. 此能力较强

C. 此能力一般 D. 此能力较差

9. 在日常生活中，您最常使用的数据处理分析工具是什么？

A. Excel 等常用办公类软件

B. SPSS、Tableau、Hadoop 等专业软件

C. R 或 Python 等程序语言

D. 不会使用数据处理分析工具

10. 您了解数据分析的基本方法和原理吗？

A. 十分了解 B. 比较了解

C. 一般了解 D. 完全不了解

11. 在日常的工作学习中，您善于用数据来表达观点吗？

A. 十分擅长 B. 比较擅长

C. 只能做到简单引用 D. 大多数时候只能用自然语言来表述

12. 您日常存储数据的方式有哪些？（多选）

A. 手机 B. 计算机

C. 移动硬盘、U 盘等移动存储设备 D. 线上云盘等线上存储渠道

E. 其他

13. 在日常生活中，您会对您的个人数据进行哪些保护工作？（多选）

A. 定期杀毒 B. 对重要数据进行加密保存

C. 定期对个人数据进行云备份 D. 对移动存储设备进行定期保养

E. 没有相关的习惯

14. 您会对自己存储的数据进行哪些清洗工作？（多选）

A. 删除无效数据 B. 增补需要的数据

C. 合并重复数据 　　　　　　D. 设定条件进行数据筛选

E. 对异常数据进行判别

15. 在对数据进行表述时，您会通过哪些方式进行？（多选）

A. 单纯描述数据

B. 结合统计图

C. 结合统计语言和公式(平方、方差、标准差等)

D. 结合数学模型

E. 配合可视化软件描述

16. 当您面对一个需要用数据来辅助完成的任务时，您会做哪些工作？（多选）

A. 对目标任务进行深入的了解

B. 利用各类检索工具和方法进行全面的数据收集

C. 对所得数据进行安全存储

D. 利用统计学、算法学知识对有价值数据进行提炼

E. 将所得到的有价值数据与任务相结合进行分析总结

F. 通过 PPT 等可视化软件对数据进行展示

17. 在哪些情境下，您会用到数据素养的相关能力？（多选）

A. 社团活动 　　　　　　B. 学校比赛

C. 课程作业 　　　　　　D. 个人展示

E. 毕业后工作实习

18. 您认为自己是否急需接受数据素养相关能力的提高教育？

A. 是 　　　　　　B. 否

19. 您认为当前您最需要的数据素养能力有哪些？（多选）

A. 数据分析 　　　　　　B. 数据管理

C. 数据评估 　　　　　　D. 数据收集

E. 数据表达 　　　　　　F. 数据存储

G. 数据交流 　　　　　　H. 数据技能

20. 您认为当前数据素养教育应该提供哪些方面的课程？（多选）

A. 数据分析软件的使用

B. 数据素养相关技能

C. 数据的长期保存

D. 嵌入专业课程的数据处理

E. 数据库知识

F. 数据参考咨询

G. 数据可视化演示

H. 元数据

21. 在您的理解中，什么是数据素养？对于数据素养教育，您有哪些建议？

第 3 章　数据获取

 导　读

《礼记》有曰"动则左史书之，言则右史书之""君举必记，臧否成败，无不存焉"。自汉武帝始，中国正式设置了专门记录皇帝言行的《起居注》。到了晋朝，开始设置起居令、起居郎、起居舍人等官员来编写《起居注》，其后一直到清朝，各朝代都曾有《起居注》的撰写。皇帝去世后，史官会将《起居注》编成一部实录，献给新皇帝。可以说，《起居注》是后世修史、给上一任皇帝盖棺定论的重要参考。

3.1　常用的数据获取方式

数据无处不在，它来自生活的方方面面。政府收集数据，公司、个人产生数据。随着时间的推移，各行各业产生的数据呈现几何递增。数据作为生产要素、无形资产和社会财富，与能源和材料同为重要资源。数据本身最突出的特点是具有重复利用性和增值性，可以为用户创造不同的价值。

下面介绍一些数据获取平台，掌握这些平台，不仅可以在数据收集的效率上得到很大的提升，而且可以学习更多的思维方式。

1. 公开的数据库

（1）国家数据。

国家数据网页如图 3-1 所示。

该网站数据来源于中华人民共和国国家统计局（以下简称国家统计局），包含了我国经济、民生等多个方面的数据，并且在月度、季度、年度都有覆盖，较为全面和权威，对于社会科学的研究有较大帮助。最关键的是，该网站简洁美观，还有专门的可视化读物。

图 3-1　国家数据网页

（2）CEIC 经济数据库。

CEIC 经济数据库网页如图 3-2 所示。

CEIC 经济数据库涵盖全球 200 多个经济体、20 个行业和 18 个宏观经济部门，汇集 2 200 个来源的最完整的 660 万个数据库，能够精确查找 GDP（Cross Domestic Product，国内生产总值）、CPI（Consumer Price Index，消费价格指数）、进口、出口、外资直接投资、零售、销售及国际利率等深度数据。其中的"中国经济数据库"收编了 300 000 多条时间序列数据，数据内容涵盖宏观经济数据、行业经济数据和地区经济数据。

图 3-2　CEIC 经济数据库网页

（3）万得信息网。

万得信息网首页如图 3-3 所示。

上海万德信息技术股份有限公司（以下简称万得）被誉为中国的彭博有限合伙企业，在金融业有着全面的数据覆盖，金融数据的类目更新非常快，受到商业分析者和投资人的青睐。

图 3-3　万得信息网首页

（4）搜数网。

搜数网首页如图 3-4 所示。

搜数网已经成为国内较大的统计数据提供者之一。截至 2024 年 5 月 28 日，已加载到搜数网站的统计资料达到 12 466 本，涵盖 2 949 445 张统计表格和 572 506 646 个统计数据。搜数网提供多样化的搜索功能。

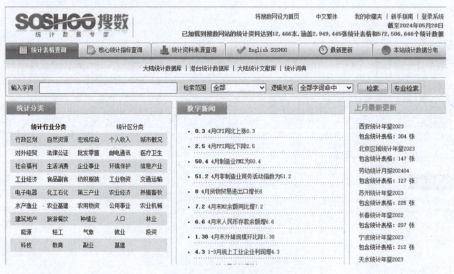

图 3-4　搜数网首页

（5）中国统计信息网。

中国统计信息网首页如图 3-5 所示。

中国统计信息网是国家统计局的官方网站，汇集了海量的全国各级政府各年度国民经济和社会发展统计信息，包括统计公报、统计年鉴、阶段发展数据、统计分析、经济新闻、主要统计指标排行等。

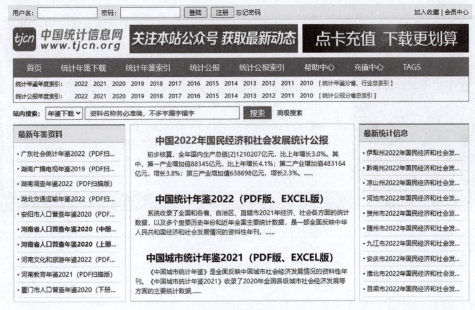

图 3–5   中国统计信息网首页

(6)亚马逊云数据平台(Registry of open Data on AWS)。

亚马逊云数据平台首页如图 3–6 所示。

亚马逊云数据平台是来自亚马逊的跨科学云数据平台，包含化学、生物、经济等多个领域的数据集。

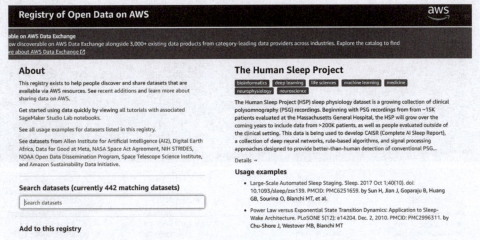

图 3–6   亚马逊云数据平台首页

(7)figshare 共享平台。

figshare 共享平台首页如图 3–7 所示。

figshare 是集存储、分享、发现和研究为一体的共享研究成果平台，在这里你能发现来自世界各地的人们的研究成果分享，同时，可以获得其中的研究数据，内容很有启发性，网站颇具设计感。

图 3-7 figshare 共享平台首页

2. 数据交易平台

（1）数易网。

数易网首页如图 3-8 所示。

数易网是由国家信息中心发起、拥有国家级信息资源的数据平台，也是国内领先的数据交易平台。平台有 B2B（Business－to－Business，企业对企业）、B2C（Business－to－Consumer，企业对客户）两种交易模式，包含政务、社会、社交、教育、消费、交通、能源、金融、健康等多个领域的数据资源。

图 3-8 数易网首页

（2）数据堂。

数据堂首页如图 3-9 所示。

数据堂专注于互联网综合数据交易，提供数据交易、数据处理和数据 API（Application

Program Interface，应用程序接口）服务，包含语音识别、医疗健康、交通地理、电子商务、社交网络、图像识别等方面的数据。

图 3-9　数据堂首页

3. 网络指数

（1）百度指数。

百度指数官网首页如图 3-10 所示。

百度指数是大家都很熟悉的指数查询平台，可以根据指数的变化查看某个主题在各个时间段受关注的情况，对于趋势分析、舆情预测有很好的指导作用。该网站除了关注趋势，还提供需求分析、人群画像等精准分析的工具，对于市场调研来说具有很好的参考意义。另外两个搜索引擎，即搜狗、360 也有类似的产品，都可以作为参考。

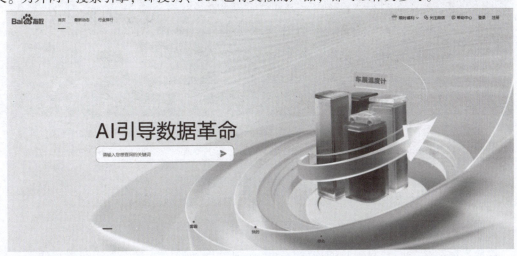

图 3-10　百度指数官网首页

（2）艾瑞咨询。

艾瑞咨询官网首页如图 3-11 所示。

艾瑞咨询集团(以下简称艾瑞)作为老牌互联网研究机构，在数据的沉淀和数据分析方面都有得天独厚的优势，在互联网的趋势和行业发展数据分析方面比较权威，艾瑞的互联网分析报告可以说是互联网研究的必读刊物。

图 3-11　艾瑞咨询官网首页

（3）友盟指数。

友盟指数官网首页如图 3-12 所示。

友盟指数在移动互联网应用数据统计和分析方面较为全面，对于研究移动端产品、做市场调研、分析用户行为很有帮助。除了友盟指数，友盟的互联网报告同样是了解互联网趋势的优秀读物。

图 3-12　友盟指数官网首页

（4）爱奇艺指数。

爱奇艺指数网页如图 3-13 所示。

爱奇艺指数是专门针对视频的播放行为、趋势分析的平台，对于互联网视频的播放有着全面的统计和分析，涉及播放趋势、播放设备、用户画像、地域分布等多个方面。由于爱奇艺庞大的用户基数，因此该指数基本可以说明实际情况。爱奇艺指数目前已升级整合为内容热度及风云榜，最新、最热内容请关注爱奇艺风云榜及播放页内容热度。

图 3-13　爱奇艺指数网页

（5）微指数。

微指数网页如图 3-14 所示。

微指数是新浪微博的数据分析工具，它通过关键词的热议度以及行业/类别的平均影响力，来反映微博舆情或账号的发展走势。微指数分为热词指数和影响力指数两大模块，此外，微指数还可以查看热议人群及各类账号的地域分布情况。

 综合指数，量化微博价值

微指数是对提及量、阅读量、互动量加权得出的综合指数，更加全面的体现关键词在微博上的热度情况。

 实时监测，对舆论快速响应

实时捕捉当前社会热点事件、热点话题等，快速响应舆论走向，对政府、企业、个人和机构的舆情研究提供重要的数据服务支持。

扫描二维码打开微指数移动版

图 3-14　微指数网页

（6）飞瓜数据。

飞瓜数据网页如图 3-15 所示。

飞瓜数据覆盖微信公众平台、微信视频号、微博、抖音、快手、小红书、哔哩哔哩等平台，利用大数据挖掘、机器学习、自然语言处理等技术，分析海量账号的粉丝画像、文章、视频、直播间等数据，并结合强大的数字营销服务能力，为行业用户提供产品、技术服务及解决方案，助力品牌的营销决策并有效实现"品效合一"。

图 3-15　飞瓜数据网页

4. 网络采集器

网络采集器通过软件的形式实现简单、快捷地采集网络上分散的内容，具有很好的内容收集作用，而且不需要技术成本，被很多用户作为初级的采集工具。

（1）火车采集器。

火车采集器官网首页如图 3-16 所示。

火车采集器是一款专业的互联网数据抓取、处理、分析、挖掘软件，可以灵活、迅速地抓取网络上散乱分布的数据信息，并通过一系列的分析处理，准确挖掘出所需数据，最常用于采集某些网站的文字、图片、数据等在线资源。其接口比较齐全，支持的扩展比较好用，若用户懂代码，则可以使用 PHP 或 C#开发任意功能的扩展。

图 3-16　火车采集器官网首页

（2）八爪鱼采集器。

八爪鱼采集器官网首页如图 3-17 所示。

八爪鱼采集器是一种简单实用的网络采集器，功能齐全，操作简单，不用写规则。因其特有的云采集，所以关机后也可以在云服务器上运行采集任务。

图 3-17　八爪鱼采集器官网首页

（3）集搜客。

集搜客官网首页如图 3-18 所示。

集搜客是一款简单易用的网页信息抓取软件，能够抓取网页文字、图表、超链接等多种网页元素，提供网页抓取软件、数据挖掘攻略、行业资讯和前沿科技等。

图 3-18　集搜客官网首页

5. 网络爬虫

爬虫作为极客们最喜欢的数据收集方式，其具有的高度的自由性、自主性都使其成为数据挖掘的必备技能，当然，精通 Python 等语言是必要前提。利用爬虫可以做很多有意思的事情，也可以获取一些从其他渠道获取不到的数据资源，更重要的是可以帮助用户打开寻找和搜集数据的思路。

如图 3-19 所示，这个示例使用了 Python 的 requests 库和 BeautifulSoup 库来获取网页内容和解析 HTML（HyperText Markup Language，超文本标记语言）。它获取了页面标题和所有链接，并将它们打印出来。请注意，这只是一个简单的示例代码，实际的网络爬虫需要更复杂的代码来处理不同的网站和数据。

```
import requests
from bs4 import BeautifulSoup

url = 'https://www.example.com'
response = requests.get(url)

soup = BeautifulSoup(response.text, 'html.parser')

# 获取页面标题
title = soup.title.string
print(title)

# 获取页面所有链接
links = []
for link in soup.find_all('a'):
    links.append(link.get('href'))
print(links)
```

图 3-19　Python 爬取网页示例代码

3.2　搜索引擎的使用

搜索引擎是指在网络上以一定的策略收集信息，对信息进行组织和处理，并为用户提供信息检索服务的工具或系统。其工作过程包含 3 个步骤：首先抓取网页，每个独立的搜索引擎都有自己的网页爬虫（Spider），爬虫顺着网页的超链接，从一个网站"爬"到另一个网站，通过超链接分析连续访问，以抓取更多网页；其次处理网页，搜索引擎"抓"到网页后，会提取关键词，建立索引数据库和索引；最后提供检索服务，用户输入关键词进行检索，搜索引擎从索引数据库中找到匹配该关键词的网页。

3.2.1　搜索指令

使用搜索指令可以帮助用户精准、快速地找到所需的信息。不同的浏览器支持的搜索指令不同，本小节以国内百度搜索引擎为例来讲解常用的搜索指令。

1. 把搜索范围限定在网页标题中

网页标题通常是对网页内容提纲挈领式的归纳。把搜索范围限定在网页标题中，有时能获得良好的效果，这需要使用 intitle 指令。

intitle 指令应用示例如图 3-20 所示。

图 3-20　intitle 指令应用示例

2. 把搜索范围限定在特定站点中

有时候，如果知道某个站点中有自己需要的内容，就可以把搜索范围限定在这个站点中，以提高查询效率，这需要使用 insite 指令。

insite 指令应用示例如图 3-21 所示。

图 3-21　insite 指令应用示例

3. 把搜索范围限定在 URL 链接中

网页 URL(Uniform Resource Location，统一资源定位符)中的某些信息常常具有某种价值。如果对搜索结果的 URL 做某种限定，那么就可以获得良好的效果，这需要使用 inurl 指令。

inurl 指令应用示例如图 3-22 所示。

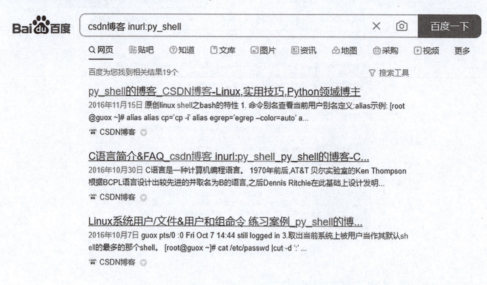

图 3-22　inurl 指令应用示例

4. 精确匹配

如果输入的查询词很长，那么百度在经过分析后，给出的搜索结果中的查询词可能是拆分的。如果对结果不满意，则可以尝试让百度不拆分查询词，即进行精准匹配。给查询词加上双引号或书名号，就可以达到这种效果。

精准匹配应用示例如图 3-23 所示。

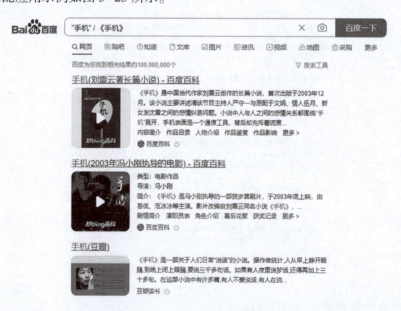

图 3-23　精准匹配应用示例

5. 要求搜索结果中不含特定关键词

如果发现搜索结果中有某一类网页是用户不希望看见的，而且这些网页都包含特定的关键词，那么用减号语法，就可以去除所有这些含有特定关键词的网页。

减号语法应用示例如图 3-24 所示。

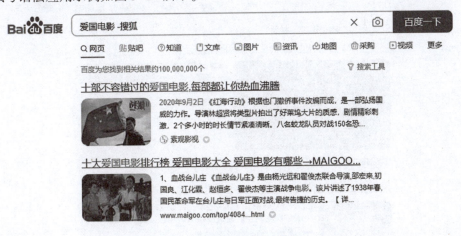

图 3-24　减号语法应用示例

6. 要求搜索结果中包含特定关键词

如果希望搜索结果中包含特定关键词，那么可以使用加号语法。

加号语法应用示例如图 3-25 所示。

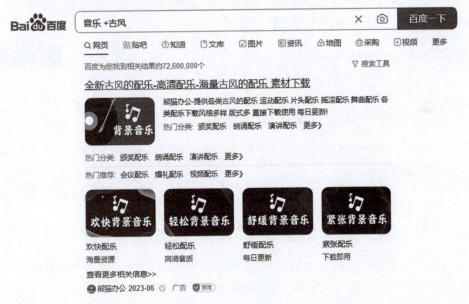

图 3-25　加号语法应用示例

7. 同时搜索两个不连贯的关键词

如果想同时搜索两个关键词，但这两个关键词并不连贯，那么这时候就可以使用并行搜索，格式是 A | B。

并行搜索应用示例如图 3-26 所示。

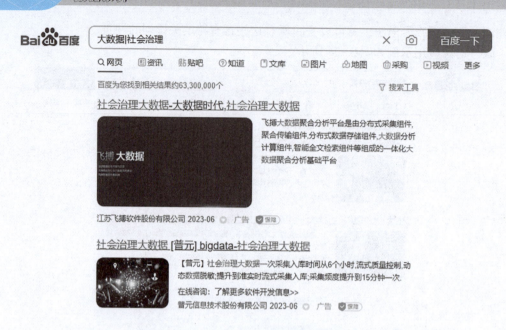

图 3-26　并行搜索应用示例

8. 把搜索范围限定在指定文档格式中

如果希望查找某一类型的文档资料，那么就可以使用 filetype 指令。filetype 指令应用示例如图 3-27 所示。

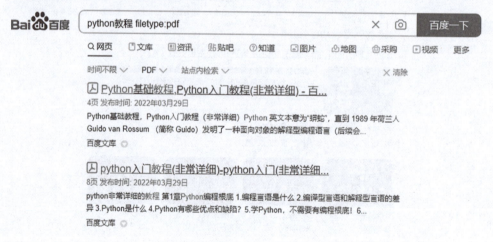

图 3-27　filetype 指令应用示例

3.2.2　百度搜索工具

百度搜索工具以图形化界面完成搜索指令，如图 3-28 所示。

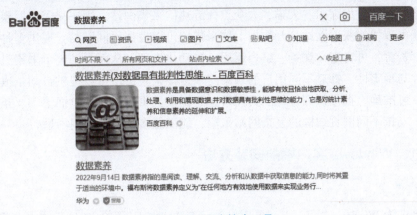

图 3-28　百度搜索工具

　　"时间不限"选项可以设置搜索时间条件,包括一天内、一周内、一月内和自定义时间段。"所有网页和文件"选项可以设置搜索到的文档类型,包括 PDF、Word、Excel、PowerPoint 和 RTF 等类型。"站点内检索"选项可以限制在某个站点或顶层域名内搜索。

3.2.3　百度高级搜索页面

　　百度高级搜索页面如图 3-29 所示。
　　百度高级搜索页面可以限定包括或不包括关键词、限定搜索结果显示的条数、限定搜索的网页的时间、限定搜索的网页语言、限定文档格式、限定关键词位置和限定搜索位置等。实际上,百度高级搜索集成了常见的搜索指令,用户无须记住复杂的搜索指令就可以在图形化搜索界面完成复杂的搜索任务。

图 3-29　百度高级搜索页面

3.3　八爪鱼数据采集器的使用

　　八爪鱼数据采集器整合了网页数据采集、移动互联网数据及 API 服务(包括数据爬虫、数据优化、数据挖掘、数据存储、数据备份)等服务。采集器的模板采集模式内置了上百种主流网站数据源，如京东、天猫、大众点评等热门采集网站，用户只需参照模板简单设置参数，就可以快速获取网站公开数据。该采集器可以根据不同网站，提供多种网页采集策略与配套资源，可自定义配置、组合运用、自动化处理，从而帮助整个采集过程实现数据的完整性与稳定性。针对不同用户的采集需求，该采集器还可以提供自动生成爬虫的自定义模式，可准确、批量识别各种网页元素，还提供翻页、下拉、页面滚动、条件判断等多种功能，支持不同网页结构的复杂网站采集，能满足多种采集应用场景。

3.3.1 Windows 客户端的安装方法

1. 系统要求

系统要求为 Windows 7/Windows 8/Windows 8.1/Windows 10(x64)，本书选择 Windows 10，如图 3-30 所示。

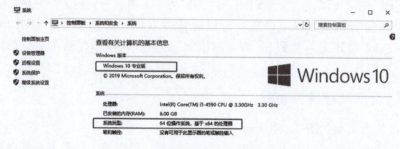

图 3-30 系统要求

2. 下载和安装

(1)访问八爪鱼官网，下载八爪鱼数据采集器安装文件。

(2)关闭所有杀毒软件。

(3)双击 .exe 可执行文件，开始安装。

(4)安装完成后，在"开始"菜单中或桌面上找到八爪鱼数据采集器快捷方式图标。

(5)启动八爪鱼数据采集器，使用自己的账号登录，若没有账号，则可免费注册。

3. 安装过程中的常见问题

若按照以上常规操作，无法安装八爪鱼数据采集器 Windows 客户端，则可能遇到以下问题：安装过程中提示"安装已终止，安装程序并未成功地运行完成"。

出现原因：之前安装过旧版本，没有卸载干净，有残留。

解决方法 1：删除缓存文件夹。找到\AppData\Roaming\Octopus8 文件夹，将 Octopus8 文件夹删除。

解决方法 2：打开"控制面板"→"程序"，将之前安装过的旧版本卸载干净。

3.3.2 使用采集模板采集数据

采集模板是由八爪鱼官方提供的，目前已有200多个采集模板，涵盖主流网站的采集场景。模板数还在不断增加。

使用采集模板采集数据时，只需输入几个参数(如网址、关键词、页数等)，就能在几分钟内快速获取目标网站数据。采集模板类似于 PPT 模板，只需修改关键信息就能直接使用，无须从头配置。

1. 找到所需采集模板的方法

（1）通过首页输入框。

在客户端首页输入框中，输入目标网站名称，八爪鱼数据采集器将会自动寻找相关的采集模板。例如，输入"微博"关键字，可以查询到 10 个采集模板。将鼠标指针移到"查看全部模板 10 个模板"并单击，如图 3-31 所示。就可以看到 10 个采集模板，如图 3-32 所示。

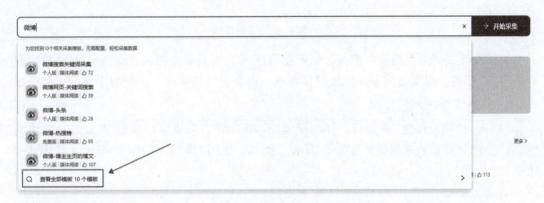

图 3-31 首页输入框

图 3-32 10 个采集模板

（2）通过首页"热门模板"。

如图 3-33 所示，单击"热门模板"中的采集模板，或者单击"更多"按钮，进入采集模板展示页面，就可通过"模板类型""搜索模板"等多种方法，寻找目标模板。

图 3-33　热门采集模板

如果没有找到想要的采集模板，则可在请进入模板展示页面后，单击右上角的"我想要新模板"按钮，提交新的采集模板制作需求。官方会评估需求，排期制作新的采集模板。

2. 采集模板的使用步骤

(1)进入"模板详情"页面后，仔细阅读"模板介绍""采集字段预览""采集参数预览""推荐"，确定此模板采集的数据符合需求。例如，使用"微博-热搜榜"模板，如图 3-34 所示。

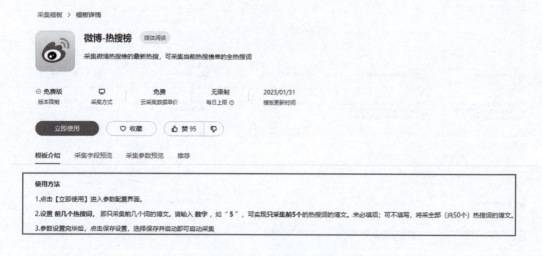

图 3-34　"微博-热搜榜"模板介绍

(2)确定模板符合需求以后，单击"立即使用"按钮，自行配置参数。常见的参数有关键词、翻页次数、URL 等。请认真查看"模板介绍"中的使用方法说明和参数说明，输入格式正确的参数，否则将影响采集模板的使用。

(3)然后单击"保存并启动"按钮，选择启动本地采集。八爪鱼数据采集器自动启动 1 个采集任务并采集数据，如图 3-35 和图 3-36 所示。

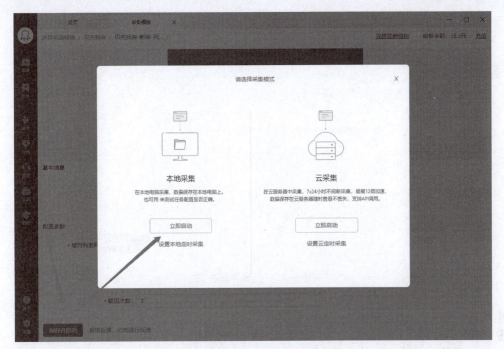

图 3-35　启动采集任务

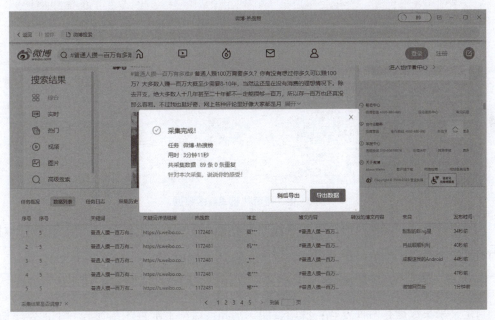

图 3-36　采集数据

（4）数据采集完成以后，可以选择导出方式，这里选择导出方式为 Excel，如图 3-37和图 3-38 所示。

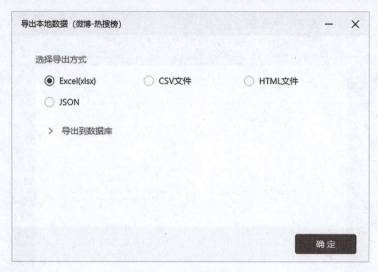

图 3-37　选择导出方式

	A	B	C	D	E	F	G	H	I	J	K	L	M	N	O
1	序号	关键词	键词详情	热搜数	博主	博文内容	转发的博文内容	来自	发布时间	转发数	评论数	点赞数	页面网址	文内图片地	博文内
2	1	中国电科	9B%BD%E7%	4253384	科***	志龙#同志很猛,			今天08:42	922	1265	22544	9B%BD%E7%	j20j60j6	
3	1	中国电科	9B%BD%E7%	4253384	科***	不缺钱，这种稳			52分钟前	35	158	1757	9B%BD%E7%	20c80c8we	
4	1	中国电科	9B%BD%E7%	4253384	财***	·这个事情起因		微博视频号	今天08:13	1443	2014	31223	9B%BD%E7%	fj20u00u	20p&temp
5	1	中国电科	9B%BD%E7%	4253384	肝***	展示管理能力。		稻医生HarmonyOS设	今天09:06	50	226	4304	9B%BD%E7%	yj20ro0r	
6	1	中国电科	9B%BD%E7%	4253384	蒋***	组领导，你要么		va 10 Pro 主角影	今天08:33	219	558	14122	9B%BD%E7%	gj20ro0r	
7	1	中国电科	9B%BD%E7%	4253384	陈***	头的员工以儆效		工作日iPhone客户	今天09:06	36	71	1690	9B%BD%E7%	lj20e80e	
8	1	中国电科	9B%BD%E7%	4253384	科***	没有反抗过，		IZU 20 PRO热爱无	今天08:49	26	29	1435	9B%BD%E7%	dj20u00u0	
9	1	中国电科	9B%BD%E7%	4253384	乡***	的广大群众、		UAWEI Mate 40 Pr	今天08:54	9	21	681	9B%BD%E7%	j20ro0ro	
10	1	中国电科	9B%BD%E7%	4253384	八***	强大！！！ #CE		iPhone 12	38分钟前	65	34	489	9B%BD%E7%	jj20br0b	
11	1	中国电科	9B%BD%E7%	4253384	a***	造更多闲暇时光		小米11 Ultra	10秒前				9B%BD%E7%	2j30u00u	
12	1	中国电科	9B%BD%E7%	4253384	养***	问题我还解决不		路红的iPhone客户	秒前 转赞人数超过	6	2	60	9B%BD%E7%	uj30e80e	
13	1	中国电科	9B%BD%E7%	4253384	小***	”，“一经采			44秒前		1	16	9B%BD%E7%	gj204g04	
14	1	中国电科	9B%BD%E7%	4253384	快***	是黑体，截图里		iPhone客户端	1分钟前				9B%BD%E7%	bj30e80e	
15	1	中国电科	9B%BD%E7%	4253384									9B%BD%E7%	com/gs1_9	
16	1	中国电科	9B%BD%E7%	4253384	素***	是北京郊区本		iPhone 12	1分钟前				9B%BD%E7%	hj60u00u	
17	1	中国电科	9B%BD%E7%	4253384	薪***	一己之力硬杠中		微博视频号	2分钟前		1	6	9B%BD%E7%	jj30u00u	20p&temp
18	1	中国电科	9B%BD%E7%	4253384	夏***	业都有这种现象		iPhone客户端	3分钟前			14	9B%BD%E7%	j20ro0ro	
19	2	柯京亲了	93%80%E4%	1365287	长***	但我想说，新			04月04日 22:15	29663	14910	318715	93%80%E4%	onj30u00	
20	2	柯京亲了	93%80%E4%	1365287	叶***	京亲了这个情节			04月04日 23:26	1519	1455	64155	93%80%E4%	pj20ro0r	
21	2	柯京亲了	93%80%E4%	1365287	漫***	和柯南亲，要		Phone 12 Pro Ma	今天08:22	1250	572	18473	93%80%E4%	sj60u00u	
22	2	柯京亲了	93%80%E4%	1365287	二***	候古馆春一在干		Phone 12 Pro Ma	35分钟前	142	26	341	93%80%E4%	rj30e80e	
23	2	柯京亲了	93%80%E4%	1365287	次***	高甜场景吧！		微博视频号	今天07:16	51	40	1971	93%80%E4%	rj30gy0g	d&templa
24	2	柯京亲了	93%80%E4%	1365287	甜***	西搞热度了吗？			04月04日 22:39	440	903	37610	93%80%E4%	gtj20u00	
25	2	柯京亲了	93%80%E4%	1365287	双***	定，做了一个		双门洞德善YYDS	6分钟前	40	36	89	93%80%E4%	gj30u00u	0p&templ
26	2	柯京亲了	93%80%E4%	1365287	睡***	？还记得吗？		iPhone客户端	44分钟前	17	17	1045	93%80%E4%	7kj20u00	
27	2	柯京亲了	93%80%E4%	1365287	被***	，希望官方能够		数码宝贝YYDS	今天01:11	85	237	3896	93%80%E4%	j30gw0gw	
28	2	柯京亲了	93%80%E4%	1365287	龍***	##柯京亲了#		令嬢のiPhone 11	今天02:53	10	64	674	93%80%E4%	j20hr0hr	20p&temp
29	2	柯京亲了	93%80%E4%	1365287	甜***	青山死了，兰酱		崽のHarmonyOS设	4秒前				93%80%E4%	j30ro0ro	
30	2	柯京亲了	93%80%E4%	1365287	何***	局呗青山刚昌			12秒前				93%80%E4%	nj30qo0q	
31	2	柯京亲了	93%80%E4%	1365287	当***	人，用不用心		耀V20 4800万3D相	26秒前				93%80%E4%	j30ro0ro	
32	2	柯京亲了	93%80%E4%	1365287	六***	中有一阵特别喜		OPPO随光而变R17	35秒前				93%80%E4%	aj30u00u	

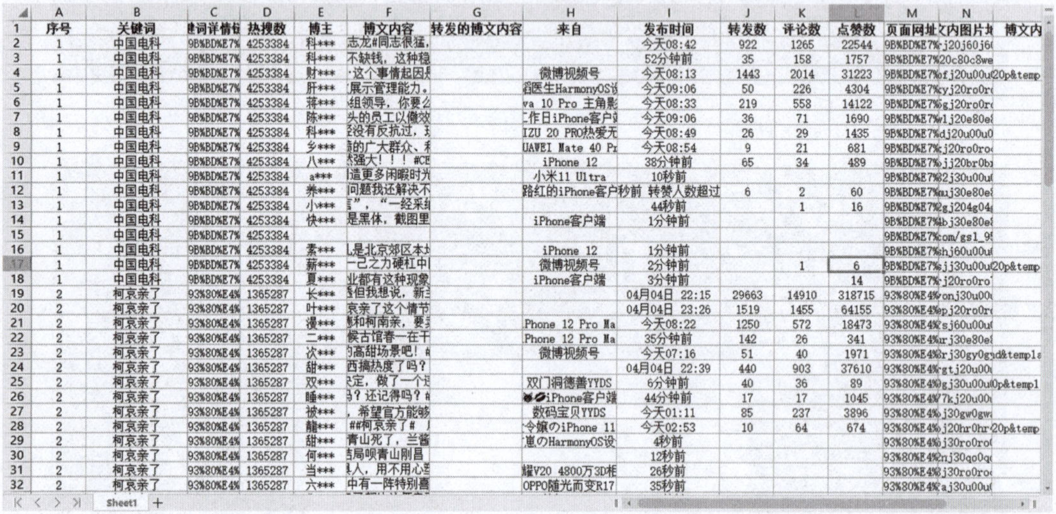

图 3-38　微博热搜 Excel 数据

经过上述几步，微博热搜前 5 个热搜词的相关内容就被采集下来了，后面就可以对此数据集进行数据预处理、数据分析等工作了。

3.3.3　自定义采集数据

自定义采集数据有两种方式：使用智能识别和自己动手配置采集流程。下面介绍使用智能识别的步骤。

我们来看一个智能识别的示例。示例网址：https://book.douban.com/tag/小说。

（1）在首页输入框中输入目标网址，单击“开始采集”按钮。八爪鱼数据采集器自动打开网页并开始智能识别，如图 3-39 所示。接下来就是等待智能识别完成。

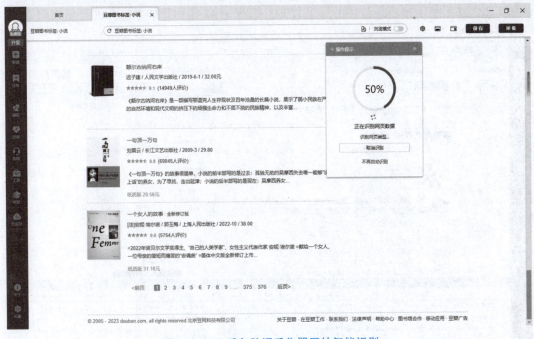

图 3-39　八爪鱼数据采集器开始智能识别

特别说明：打开网页后，默认使用智能识别。在识别过程中，随时可以单击"取消识别"或"不再智能识别"按钮。单击"取消识别"按钮后，立即取消本次智能识别，可以单击"自动识别网页"按钮再次启动，如图 3-40 所示。

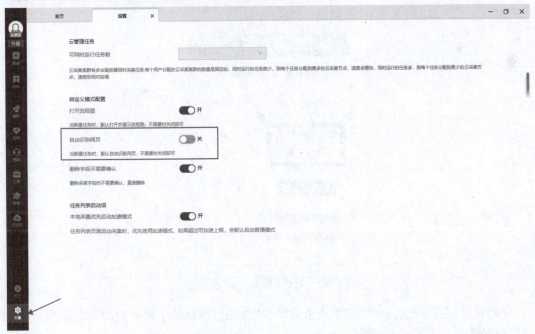

图 3-40　八爪鱼数据采集器"设置"页面

（2）智能识别成功后，一个网页中可能有多组数据，八爪鱼数据采集器会将所有数据识别出来，然后智能推荐最常用的那组数据，如图 3-41 所示。如果推荐的不是你想要的，则可自行切换识别结果。

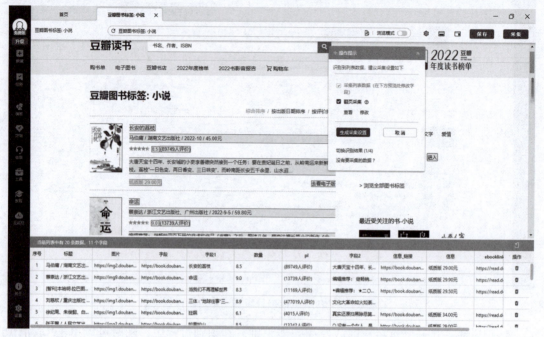

图 3-41 智能推荐

（3）同时，八爪鱼数据采集器可自动识别出网页的滚动和翻页。此示例网址无须滚动，只需翻页，故勾选"翻页采集"复选框，如图 3-42 所示。

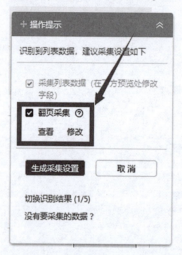

图 3-42 勾选"翻页采集"复选框

（4）自动识别完成后，单击"生成采集设置"按钮，可自动生成相应的采集流程，方便用户编辑修改，如图 3-43 所示。

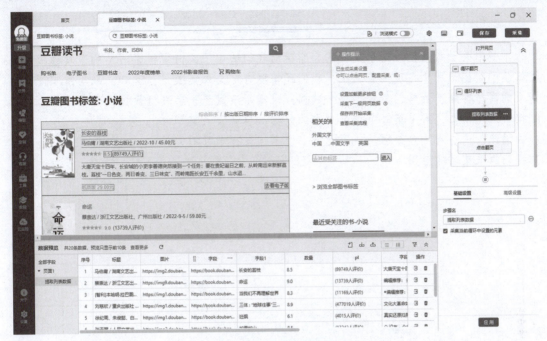

图 3-43　生成采集流程

(5)然后，单击右上角的"采集"按钮，选择"启动本地采集"，八爪鱼数据采集器就会开始全自动采集数据，如图 3-44 所示。

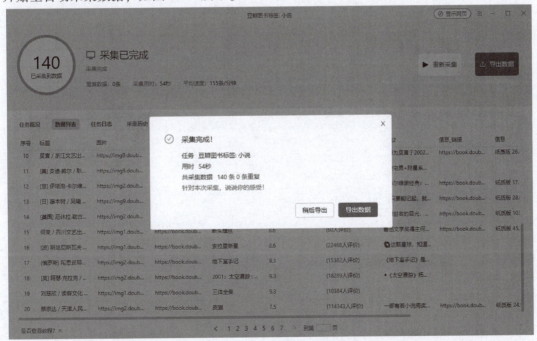

图 3-44　全自动采集数据

通过智能识别创建并保存的任务，会放在"我的任务"中。在"我的任务"界面，可以对任务进行多种操作并查看任务采集到的历史数据。

拓展训练

　　本书中关于八爪鱼数据采集器的介绍帮助我们认识了其内置很多网站的采集模板，以及体验了智能识别。在现实应用中，我们还需要自定义采集操作，例如，采集京东商品详情页的商品标题、价格、参数等单个数据；采集新浪财经股票表格数据；先单击每个资讯链接进入详情页，再采集每个详情页中的数据；启动云采集等。

　　因此，请在八爪鱼数据采集器官方平台上，自行学习图文教程、视频教程等，进一步掌握数据采集器的应用。

第4章　数据预处理

导　读

福特汽车公司的数据专家迈克尔·卡瓦雷塔曾在《纽约时报》(*The New York Times*)中提到了数据专家在日常工作中面临的挑战：数据是混乱不堪的，数据科学家需要花50%～80%的时间在数据清洗上。《纽约时报》将数据清洗称为"看门人工作"。卡瓦雷塔说："我们真的需要更好的工具来减少处理数据的时间，来到达'诱人的部分'。""诱人的部分"指的是数据预测分析和建模，处理数据则包括清洗数据、连接数据并把数据转换成可用的格式。

4.1　"脏数据"概述

当我们通过多种方式和渠道获取数据时，这些数据往往是不能直接分析和使用的，需要进行预处理，即清洗数据。因为原始的数据存在着各种各样的问题，例如篡改数据、数据不完整、数据不一致、数据重复、数据存在错误、异常数据等，我们称这些情况为存在"脏数据"。"脏数据"的存在不仅浪费时间，而且可能导致最终分析结果有误。

4.1.1　"脏数据"的成因

1. 篡改数据

有时，为了一些特定的非合理利益，人们甚至会主动弄"脏"数据。例如，网上购物平台卖家的相关数据，"刷信用"和"刷钻"等行为导致后台统计的是卖家篡改后的数据。这是"脏数据"一种糟糕的形式，因为篡改数据是非常难发现的。当然，进行篡改数据有时也是有意为之，是为了对数据进行保护。例如，为保证和验证重要数据库的版权，需要通过水印技术嵌入水印信息，但不影响数据库的使用价值，此种篡改数据不全产生"脏数据"。

2. 数据不完整

有些时候，数据的获取是比较困难的，例如，获取某个山区的 PM2.5 值，可能由于没有相关设备而导致该山区的数据缺失。我们期望数据符合完整性要求，即数据符合精确性和可靠性。数据完整性包括实体完整性、域完整性、参照完整性和用户自定义完整性。实体完整性是指一个关系中所有主属性（主码属性或标识性属性）不能取空值，例如，大学生学籍信息表中，学号是唯一标识学生的属性，若将学号设置为空，则违背了实体完整性。域完整性是保证表中不能输入无效的值，例如，输入年龄 90.5，这不符合常识（一般年龄是整数）。参照完整性一般应用于两张或两张以上的表，当在一张表中更新、删除或插入数据时，通过参照引用相互关联的另一张表中的数据，来检查对表中数据的操作是否正确。例如，若某大学生退学了，那么在大学生学籍信息表中将会删除该生的信息，若该生的住宿、借阅等信息依然在其他数据库表中保留，则违背了参照完整性。用户自定义完整性是针对用户自定义的约束条件，例如，学生成绩范围是[0，100]，若存在某位学生的成绩是 120 的情况，则不符合用户自定义完整性。

3. 数据不一致

数据的获取可能来自不同的渠道，从而出现两份数据不一致的问题。例如，各地最低工资标准在不同年代是不同的，如果来自不同渠道的数据存在重复且不一致的情况，那么可能是数据来源时间不同，也可能是某个部门的数据进行了调整而另一个部门没有及时更新。例如，教师工资的调整，可能人事处的数据已经更新，而财务处的数据没有更新，就会产生不一致的数据。

4. 数据重复

由于数据来源的问题，因此可能存在一个数据被记录两次的情况。要删除冗余的备份数据，确保同样的数据只被保存一次。

5. 数据存在错误

数据存在错误是"脏数据"中最糟糕的一种形式，主要是人为原因错误记录了信息，例如，工资是 6 500.00 元，误记为 5 600.00 元。2006 年美国国会选举期间，政府工作志愿者在通过电话让已登记的选民来投票的过程中发现，有已经去世的选民依旧存在于登记表中，这也是数据存在错误的一种表现。

6. 异常数据

异常数据是指某个数据与其他数据相比特别大或特别小，例如，获取的数据中教师的月薪大部分是几千元，若有某位教师的月薪是 100 万元，则可以认为这是异常数据，虽然可能这个异常数据是正确的，但是对分析整体数据而言意义不大。

4.1.2 "脏数据"的表现形式

1. 拼写问题

由于数据来源复杂，因此我们获取的数据可能存在数据格式不正确的情况。例如，"性别"字段可能包含各种各样的数值信息，如"男性""女性""男""女"" 1""0""男人""女人""F""M""Female"和"Male"等，甚至可能存在"男姓"或"Femal"这样的错误拼写。又如，"职业"字段中可以使用"Lawyer""Attorney"" Atty""Counsel"或"Trial Lawyer"表示律师。类似地，同一个名字可能有不同的拼写方式，例如，我国经常使用"中国""中华人民共和国""China""the People's Republic of China"或"PRC"等表示。这类问题的解决方法是用一种数值表示，例如，统一用"男""女""Lawyer"和"中国"表示。如果数据预处理时没有发现这类问题，那么在统计时带来的后果将是计数错误。

2. 数据格式问题

"20billion""20million""USD200""＄200""￥200""200"和"200.00"均表示金额，但是在数据分析时，有些数据是不合格的。例如，"20billion""20million"和"USD200"可能被计算机理解为字符而非数字；"＄200"和"￥200"的单位不同，一个是美元，一个是人民币，应统一格式；"200"和"200.00"的精确度不一致，前者是整数，后者有两位小数，应统一精度。

4.2 "脏数据"的清洗

4.2.1 数据清洗方法

数据清洗是数据预处理工作中的基础内容之一，有利于提高数据的一致性、准确性、真实性和可用性等。常见的数据异常问题及相应的数据清洗方法如表 4-1 所示。

表 4-1　常见的数据异常问题及相应的数据清洗方法

数据异常问题	具体情况	数据清洗方法
重复数据	对数据进行集成或合并时，多条记录代表同一份数据	删除其中一项或进行加权合并
逻辑错误数据	数据属性值与实际情况不符或数据违背了数据采集阶段设置的规范和标准	删除法
缺失值	缺失的观测比例非常低时（如小于5%），直接删除存在缺失的观测，或者当某些变量的缺失比例非常高时（如大于85%上），直接删除这些缺失的变量	删除法
	一些不重要或能够轻易推理出数据内容的缺失数据	人工填充法
	数据规模很大、缺失数据很多	（1）替换法：用某种常数直接替换那些缺失值。例如，对于连续变量，可以使用均值或中位数替换；对于离散变量，可以使用众数替换。 （2）插补法：根据其他非缺失的变量或观测来预测缺失值。常见的插补法有回归插补法、K 近邻插补法、拉格朗日插补法等

续表

数据异常问题	具体情况	数据清洗方法
异常值	不符合数据规律的数据，主要由数据采集任务的执行失败或其他不可控因素造成	（1）删除异常值：明显看出是异常值且数量较少，可以直接删除 （2）不处理：如果算法对异常值不敏感，则可以不处理；但如果算法对异常值敏感，则最好不要用这种方法 （3）均值替代：损失信息小，简单高效 （4）视为缺失值：可以按照处理缺失值的方法来处理

异常值识别常用方法一览表如表 4-2 所示，同时，下面围绕基于分布的 3sigma 和 Boxplot 做简单介绍。

表 4-2　异常值识别常用方法一览表

方法类别	方法名称	原理	识别标准
基于统计学的异常值识别方法	箱线图（Boxplot）	通过绘制数据的四分位数和离群值来判断是否存在异常值	当数据点超出上、下四分位数的 1.5 倍的四分位距时，可以将其视为异常值
	Z-Score 方法	通过计算数据点与其均值的标准差的比值来衡量数据点与均值的偏离程度	Z-Score 大于 3 或小于 -3 的数据点可以被认为是异常值
	3sigma 准则	基于正态分布，认为超过 3 个标准差（sigma）的数据为异常点	超过 $\mu \pm 3\sigma$（μ 为均值，σ 为标准差）范围的数据为异常值
	离群值检测法（Outlier Detection）	基于数据点的离群程度来判断是否为异常值	包括基于正态分布的离群值检测、基于距离的离群值检测及基于密度的离群值检测等
基于距离的异常值识别方法	K 近邻算法（K-Nearest Neighbors，KNN）	通过计算数据点与其最近邻的距离来判断是否为异常值	当数据点的最近邻距离大于某个阈值时，可以将其视为异常值
	孤立森林算法（Isolation Forest）	基于树的异常值识别方法，通过构建随机树来判断数据点的异常程度	可以快速、准确地识别出异常值，尤其适用于高维数据和大规模数据集
基于聚类的异常值识别方法	DBSCAN（Density-Based Spatial Clustering of Applications with Noise）	基于密度的空间聚类算法，无法形成聚类簇的孤立点即为异常点（噪声点）	可以识别任意形状的聚类，并对噪声数据不敏感

续表

方法类别	方法名称	原理	识别标准
基于机器学习的异常值识别方法	监督学习算法（Supervised Learning）	通过训练数据来学习异常值的模式	需要带有标签的数据集来进行训练，可以识别已知类型的异常值

1. 3sigma

正态分布曲线如图 4-1 所示。在统计学中，如果一个变量服从正态分布，且它的均值是 μ，标准差是 σ，则根据正态分布的定义可知，距离均值 3σ 之外的概率为 $P(|x-\mu| > 3\sigma) \leqslant 0.003$，这属于极小概率事件。因此，当样本距离均值大于 3σ 时，认定该样本为异常值。

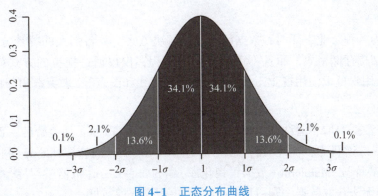

图 4-1　正态分布曲线

2. Boxplot

四分位差是统计学中通过将数据集划分为四分位数来衡量统计离散度和数据可变性的概念，并被用来绘制盒须图（又称箱线图）。四分位差是第 3 个四分位数和第 1 个四分位数的差（$R_{IQ} = Q_3 - Q_1$）。这种情况下的异常值被定义为低于（$Q_1 - 1.5R_{IQ}$）或低于盒须图下须触线，或者高于（$Q_3 + 1.5R_{IQ}$）或高于盒须图上须触线的观测值。图 4-2 展示了盒须图及其与正态分布曲线之间的对比关系，不难看出，盒须图上、下须之外的数据距离样本均值大于 2.698σ，属于极小概率事件，所以认定该样本为异常值。

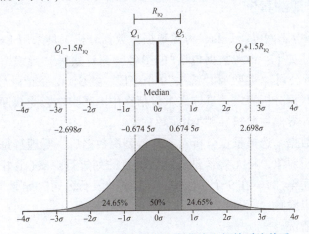

图 4-2　盒须图及其与正态分布曲线之间的对比关系

4.2.2 数据清洗工具

清洗"脏数据"的方式主要分为两种：一种是手动清理；另一种是借助工具清理。前者适用于数据量较小的情况，后者适用于数据量较大的情况。合理选择数据清洗和数据分析工具可以快速修改或删除"脏数据"，多个工具共同使用能发挥每个工具的优势，节约时间。常见的数据清洗和数据分析工具如下。

1. Excel

Excel 的功能较强，简单易学。其内嵌的各种函数可以帮助用户快速清除并修改数据，而且可以利用筛选、排序、分类汇总、数据透视表和图表等快速查看数据规律。Excel 还支持 VBA 编程，用户可以通过编写代码来实现复杂的数据运算和清洗工作。

2. Tableau

Tableau 为各种行业、部门和数据环境提供解决方案，具备强大的统计分析扩展功能。Tableau 是表结构存储格式，而且不需要复杂的编程，仅仅通过拖曳的方式就可以快速处理海量数据。用户可以使用视觉工具(如颜色、趋势线和图表等)来探索和分析数据。

3. Python

Python 是数据获取、清洗和挖掘时经常使用的语言。Python 是免费的，而且以语法简洁著称，代码易读且可扩展性强，常见库包括 Python 标准库、Numpy(科学计算库)、Scipy(数学计算库)、Matplotlib(数据可视化库)和 Scikit-Learn(机器学习库)等。如果使用数据采集工具无法获取数据，则可用 Python 爬虫程序获取数据。

4. SPSS

SPSS 采用类似 Excel 表格的方式输入与管理数据，其数据接口较为通用，能方便地从其他数据库中读入数据。SPSS 的基本功能包括数据管理、统计分析、图表分析、输出管理等。SPSS 统计分析过程包括描述性统计、均值比较、一般线性模型、相关分析、回归分析、对数线性模型、聚类分析、数据简化、生存分析、时间序列分析、多重响应等，能够满足大多数数据分析要求。

4.2.3 数据清洗案例

本小节以"中国电影网电影.xlsx"为源数据，数据分析工具采用 Excel。对源数据进行数据清洗的过程描述如下：该源数据包括"电影名""累计票房""导演""主演""上映时间""国家及地区""发行公司""类型"和"链接"9 个字段，共 3 142 条记录。

第 1 步：明确数据分析需求。具体需求包括在中国哪类电影受欢迎？电影发行量与时间之间是什么关系？导演主要执导哪类电影？

第 2 步：理解数据，选择重点分析对象。得到源数据后，要理解每一列数据表示的含义，选择出重点分析对象，将无关紧要或意义重复的列进行隐藏(最好是隐藏，不要删除数据，保留数据的完整性)。在 9 个字段中，"主演""发行公司""链接"等字段与需求分析的相关性较低，可以隐藏。

第 3 步：数据清洗。

数据清洗的具体过程如下。

1. 删除重复值

源数据中"电影名"字段对应的值具有唯一性，可以作为该表中的主键，唯一标识一条电影记录，所以要检查"电影名"列里面有没有重复值，如果有，就把重复值删除。

方法：切换至"数据"选项卡，选中"电影名"列，单击"删除重复值"按钮，后续具体操作如图4-3和图4-4所示。

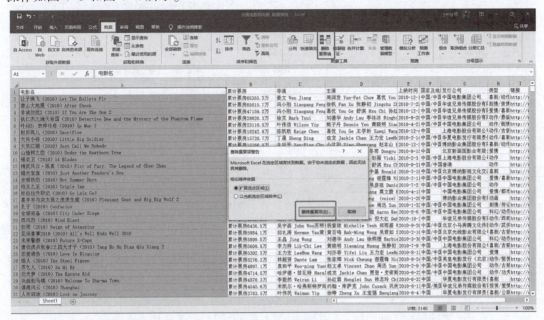

图 4-3　删除重复值

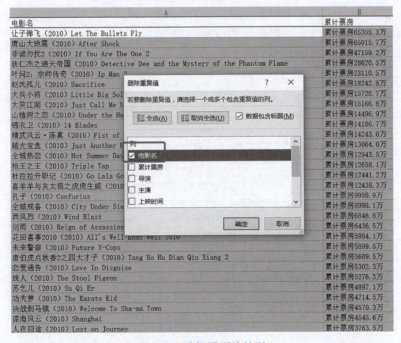

图 4-4　选择要删除的列

2. 处理缺失值

发现"累计票房"列有大量缺失值，所以使用定位功能定位空值，这样就可以将缺失值的单元格找出来，定位功能的快捷键是〈Ctrl+G〉。也可以采用如下操作：选择"开始"→"查找和选择"→"定位条件"→"空值"，如图4-5所示。

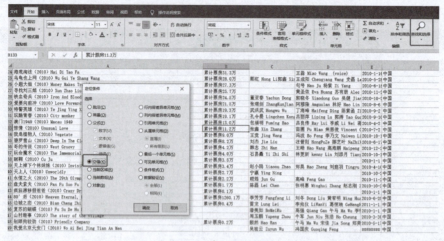

图4-5　定位空值

注意：在本案例中，使用定位功能对"累计票房"列进行空值定位时，会出现定位错误或失败的情况，没有提示空值所在的单元格。原因是这些空值都是假空值，所以定位不到，解决方法如下。

（1）选中"累计票房"列，打开"开始"→"查找和选择"→"替换"功能。

（2）查找内容保持为空，替换内容为字符"a"（也可以是其他任意值），然后单击"全部替换"按钮。

（3）此时该列的空值已被全部替换为字符"a"了。

（4）再利用替换功能将字符"a"替换为真空值，查找内容保持为字符"a"，替换内容为空，然后单击"全部替换"按钮。

此时假空值的问题已解决，可以正常使用定位条件进行缺失值处理，如图4-6所示。

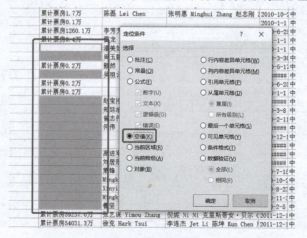

图4-6　定位真空值

查找出空值的单元格后,因为空票房所在的行数据对本次分析没有意义,并且涉及的数量不大,所以可以将对应的整行数据删除。其他列根据分析需要再进行处理,可同时对多列进行操作,如"导演"列和"主演"列,如图4-7所示。但是,如果空票房的数量较大,那么直接删除行数据会影响数据分析的真实性,不建议删除,而是采用替换法或插补法进行填充。

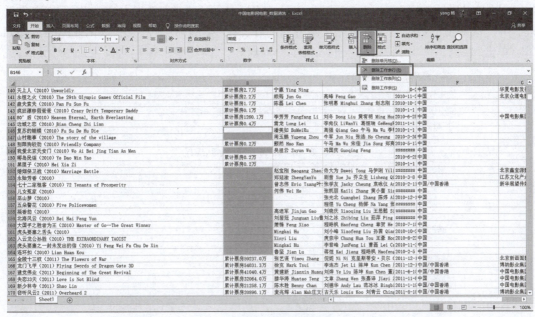

图 4-7　删除空值

3. 数据一致化处理

一致化处理就是把所有的数据处理成容易使用公式或数据透视表的形式。例如,"电影名"列中包含了中文名、英文名和年份,在需求分析中,只需要中文名即可,英文名和年份对本次需求没有直接影响,此时,就需要提取中文部分,方便后续的数据分析。一致化处理通用的解决办法是通过字符串函数进行处理。

以 MID 函数为例,关于 MID 函数的相关说明如下。

(1)MID 函数返回文本字符串中从指定位置开始的特定数目的字符,数目由用户指定。

(2)语法:MID(text, start_num, num_chars)。

(3)参数:text 必需,表示要提取字符的文本字符串;start_num 必需,表示文本中要提取字符串的起始位置;num_chars 必需,指定 MID 函数在文本中提取的字符个数。

这里可用公式 MID(A2, 1, FIND("(", A2)-1)来进行提取。参数"A2"表示从单元格A2提取字符串;参数"1"表示从第一个字符开始提取;参数"FIND("(", A2)-1)"用到了FIND 函数,用来返回"("在文本字符串中的位置。如图4-8所示,插入新列"中文电影名",然后在公式编辑器中输入"=MID(A2, 1, FIND("(", A2)-1)",得到中文电影名"让子弹飞",最后通过"拖动填充柄"有关操作,完成"中文电影名"列的填充。

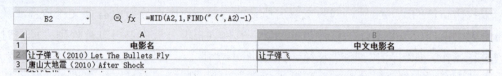

图 4-8 "中文电影名"列的填充

　　另外，"累计票房"列、"导演"列、"上映时间"列和"类型"列也需要进行一致化处理，并更改对应的数据类型。可用文本分列向导，以"类型"列为例，一致化处理的步骤如下：单击"数据"→"分列"按钮，进入文本分列向导，依次按图 4-9~图 4-11 进行操作。

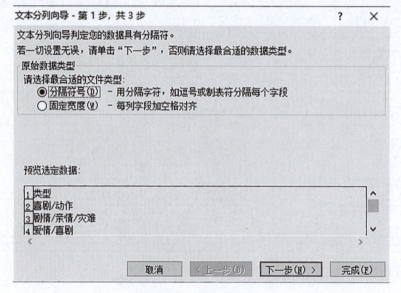

图 4-9　设置文件类型

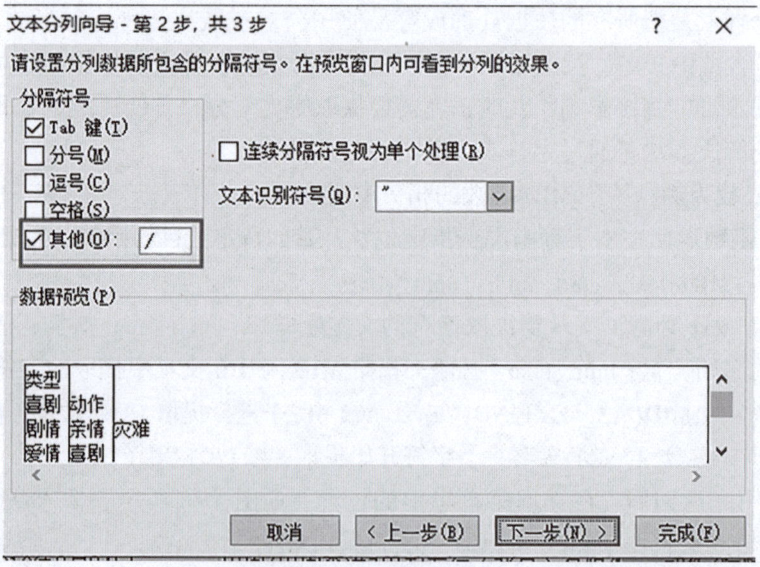

图 4-10　设置分隔符号

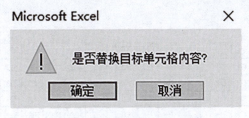

图 4-11　替换目标单元格内容

　　所处理列的最终结果如图 4-12 所示(为方便分析，隐藏了一些列，分列操作需要替换原始列的值，因此，建议将原始列复制到新的列再进行操作)。

中文电影名	导演中文名称	上映时间	类型
让子弹飞	姜文	2010年12月16日	喜剧
唐山大地震	冯小刚	2010年7月22日	剧情
非诚勿扰2	冯小刚	2010年12月22日	爱情
狄仁杰之通天帝国	徐克	2010年9月29日	动作
叶问2：宗师传奇	叶伟信	2010年4月27日	动作
赵氏孤儿	陈凯歌	2010年12月4日	动作
大兵小将	丁晟	2010年2月14日	动作
大笑江湖	朱延平	2010年12月3日	喜剧
山楂树之恋	张艺谋	2010年9月15日	爱情
锦衣卫	李仁港	2010年2月3日	动作
精武风云·陈真	刘伟强	2010年9月21日	动作
越光宝盒	刘镇伟	2010年3月18日	喜剧

图 4-12　所处理列的最终结果

　　至此，数据预处理工作完成，后面就可以构建数据分析模型，进行数据分析了。具体分析过程将在本书第 5 章中介绍。

4.3　数据预处理的其他处理流程

　　数据预处理指的是在进行数据分析工作之前，为使待分析数据在数据质量和规范上达到数据分析的要求，而对原始数据进行清洗、集成、转换、归约的一系列数据处理工作。数据清洗是数据预处理的重要环节，也是数据预处理的第一个环节。关于数据预处理其他几个环节的介绍如下。

4.3.1　数据集成

　　所谓数据集成就是将多个数据源合并放到一个数据存储中，以 Python 处理数据集为例(注：这里不是介绍 Python，而是帮助大家更好地理解数据集成的概念)，说明如下。

　　横向堆叠合并数据：将两张表在 x 轴方向拼接在一起。在内连接的情况下，仅仅返回索引重叠部分数据；在外连接的情况下，则返回索引并集部分数据，不足的地方则使用空值填补。横向堆叠外连接合并数据示意如图 4-13 所示。

合并后的表3

	A	B	C	D	B	D	F
1	A1	B1	C1	D1	NaN	NaN	NaN
2	A2	B2	C2	D2	B2	D2	F2
3	A3	B3	C3	D3	NaN	NaN	NaN
4	A4	B4	C4	D4	B4	D4	F4
6	NaN	NaN	NaN	NaN	B6	D6	F6
8	NaN	NaN	NaN	NaN	B8	D8	F8

表1

	A	B	C	D
1	A1	B1	C1	D1
2	A2	B2	C2	D2
3	A3	B3	C3	D3
4	A4	B4	C4	D4

表2

	B	D	F
2	B2	D2	F2
4	B4	D4	F4
6	B6	D6	F6
8	B8	D8	F8

图4-13　横向堆叠外连接合并数据示意

纵向堆叠合并数据：将两张表在 y 轴方向拼接在一起。在内连接的情况下，返回的仅仅是列名的交集所代表的列；在外连接的情况下，返回的是列名的并集所代表的列。纵向堆叠外连接合并数据示意如图4-14所示。

表1

	A	B	C	D
1	A1	B1	C1	D1
2	A2	B2	C2	D2
3	A3	B3	C3	D3
4	A4	B4	C4	D4

表2

	B	D	F
2	B2	D2	F2
4	B4	D4	F4
6	B6	D6	F6
8	B8	D8	F8

合并后的表3

	A	B	C	D	F
1	A1	B1	C1	D1	NaN
2	A2	B2	C2	D2	NaN
3	A3	B3	C3	D3	NaN
4	A4	B4	C4	D4	NaN
2	NaN	B2	NaN	D2	F2
4	NaN	B4	NaN	D4	F4
6	NaN	B6	NaN	D6	F6
8	NaN	B8	NaN	D8	F8

图4-14　纵向堆叠外连接合并数据示意

主键合并数据：通过一个或多个键(Key)将两个数据集的行连接起来。对于两张包含不同特征的表，将根据某几个特征一一对应拼接起来，合并后数据的列数为两份源数据的列数和减去连接键的数量。主键合并数据示意如图4-15所示。

表1

	A	B	Key
1	A1	B1	k1
2	A2	B2	k2
3	A3	B3	k3
4	A4	B4	k4

表2

	C	D	Key
1	C1	D1	k1
2	C2	D2	k2
3	C3	D3	k3
4	C4	D4	k4

合并后的表3

	A	B	Key	C	D
1	A1	B1	k1	C1	D1
2	A2	B2	k2	C2	D2
3	A3	B3	k3	C3	D3
4	A4	B4	k4	C4	D4

图4-15　主键合并数据示意

重叠合并数据：在数据分析和数据处理过程中偶尔会出现两份数据内容几乎一致的情况，但是某些特征在其中一张表上的数据是完整的，而在另外一张表上的数据则是缺失的。因此，这两份数据可以互补后形成完整数据。重叠合并数据示意如图4-16所示。

	表1					表2				合并后的表3		

表1
	0	1	2
0	NaN	3	5
1	NaN	4	NaN
2	NaN	7	NaN

表2
	0	1	2
1	42	NaN	8
2	10	7	4

合并后的表3
	0	1	2
0	NaN	3	5
1	42	4	8
2	10	7	4

图 4-16　重叠合并数据示意

在进行数据集成时可能会出现如下问题。

(1)同名异义，即数据源 A 中的某属性名称和数据源 B 中的某属性名称相同，但所表示的实体不一样。例如，一张数据库表中的 ID 字段指的是菜品编号，而另一张数据库表中的 ID 字段却指的是订单编号。

(2)异名同义，即两个数据源的某个属性名称不同但所代表的实体相同。例如，在不同的数据库表中，有些用 StuID 字段表示学号，有些用 ID 字段表示学号。

(3)数据集成过程中往往会造成数据冗余，这可能是由于同一属性在数据集中多次出现或者是属性名字不一致而实际指向同一信息所造成的重复。对于重复属性，建议先进行相关性分析检测，如果确认存在冗余，则再将其删除。

4.3.2　数据转换

数据转换就是将数据转换成适当的形式，以满足软件或分析理论的需要。通过数据转换，可以实现数据统一，这一过程有利于提高数据的一致性和可用性。数据转换的主要应用场景及具体技术方法描述如下。

1. 简单函数变换

简单函数变换用来将不具有正态分布的数据转换成具有正态分布的数据，常用的有平方、开方、对数、差分等。例如，在时间序列里常对数据进行对数或差分运算，将非平稳序列转换成平稳序列。

2. 规范化

规范化就是剔除变量量纲上的影响。例如，由于单位和取值范围的不同，所以不能直接比较身高和体重的差异。具体技术方法包括以下几种。

(1)最小-最大规范化：也称为离差标准化，对数据进行线性变换，将其范围变成 [0，1]。其转换公式如下：

$$X^* = \frac{X - X_{\min}}{X_{\max} - X_{\min}}$$

其中，$X_{\max}$ 为样本数据的最大值；$X_{\min}$ 为样本数据的最小值；$X_{\max} - X_{\min}$ 为极差。离差标准化保留了原始数据值之间的联系，是消除量纲和数据取值范围影响较为简单的方法。

(2)零-均值规范化：也称为标准差标准化，处理后的数据的均值为 0，标准差为 1。其转换公式如下：

$$X^* = \frac{X - \overline{X}}{\sigma}$$

其中，$\overline{X}$ 为原始数据的均值；σ 为原始数据的标准差。标准差标准化后的取值区间不局限于[0，1]，并且存在负值。同时，不难发现，标准差标准化和离差标准化一样不会改变数据的分布情况。

（3）小数定标规范化：移动属性值的小数位数，将属性值映射到[-1，1]，移动的小数位数取决于数据绝对值的最大值。其转换公式如下：

$$X^* = \frac{X}{10^k}$$

小数定标规范化方法的适用范围广，并且受数据分布的影响较小，相比于前两种方法，该方法适用程度适中。

3. 连续属性离散化

将连续属性变量转换成分类属性，就是连续属性离散化。

常用的离散化方法有以下几种。

（1）等宽法：将属性的值域分成具有相同宽度的区间，类似制作频率分布表。等宽法离散化对数据分布具有较高要求，如果数据分布不均匀，那么各个类的数目也会变得非常不均匀，有些区间包含许多数据，而另外一些区间包含的数据极少，这会严重损坏所建立的模型。

（2）等频法：将相同的记录放到每个区间。相较于等宽法，等频法避免了类分布不均匀的问题，但是，也有可能将数值非常接近的两个值分到不同的区间以满足每个区间对数据个数的要求。

（3）一维聚类：首先将连续属性的值用聚类算法（如 K-Means 算法等）表示，然后处理聚类得到的簇，对合并到一个簇的连续型数据做同一种标记。

4.3.3　数据归约

数据归约是指在对挖掘任务和数据本身内容理解的基础上，寻找依赖发现目标的数据的有用特征，以缩减数据规模，从而在尽可能保持数据原貌的前提下，最大限度地精简数据量。数据归约能够降低无效错误的数据对建模的影响、缩减时间、减少存储数据的空间。数据归约的主要应用场景和具体技术方法描述如下。

1. 属性归约

属性归约是寻找最小的属性子集并确定子集概率分布接近原来数据的概率分布。其主要步骤如下。

（1）合并属性：将一些旧的属性合并成一个新的属性。

（2）逐步向前选择：从一个空属性集开始，每次在原来属性集中选择一个当前最优属性添加到当前子集中，直到无法选择最优属性或满足某个约束条件为止。

（3）逐步向后选择：从一个空属性集开始，每次在原来属性集中选择一个当前最差属性，并将其从当前子集中剔除，直到无法选择最差属性或满足某个约束条件为止。

（4）决策树归纳：将没有出现在这棵决策树上的属性从初始集合中删除，获得一个较优的属性子集。

（5）主成分分析：用较少的变量去解释原始数据中的大部分变量（用相关性高的变量转换成彼此相互独立或不相关的变量）。

2. 数值归约

数值归约是指用较简单的数据表示形式替换原数据，或者通过某种方式减少数据集中的数据量，以便在保持数据关键信息的同时，降低数据的复杂性和处理难度。其包括有参数方法和无参数方法，有参数方法包括线性回归和多元回归等，无参数方法包括直方图、抽样等。

拓展训练

这里有关于电子商务方面的数据集 ecommerce_datasets. xlsx。该数据集包含两张表单，分别为 Dataset1 和 Dataset2。其中，Dataset2 有"脏数据"需要处理。那么，在学习数据清洗案例的基础上，需要通过 Excel 工具尝试完成如下工作：列名重命名、删除重复值、缺失值处理、一致化处理、合并数据、处理数据格式。试试看吧！

第5章   数据分析

导 读

弗朗西斯·高尔顿是查尔斯·达尔文的表亲(高尔顿为达尔文的表兄),他是一名英国维多利亚时代的文艺复兴人、人类学家、优生学家、热带探险家、地理学家、发明家、气象学家、统计学家、心理学家和基因学家。

1855 年,高尔顿发表《遗传的身高向平均数方向的回归》一文,他和他的学生卡尔·皮尔逊通过观察 1 078 对夫妇的身高数据,以每对夫妇的平均身高作为自变量,取他们的一个成年儿子的身高作为因变量,分析儿子身高与父母身高之间的关系,发现通过父母的身高可以预测子女的身高,两者近乎为一条直线。当父母越高或越矮时,子女的身高会比一般儿童高或矮,他将儿子与父母身高的这种现象拟合出一种线性关系,分析出儿子的身高 y 与父亲的身高 x 大致为以下关系:$y = 33.73 + 0.516x$(单位为英寸)。根据换算公式 1 英寸 $= 0.025\ 4$ 米,1 米 $= 39.37$ 英寸,可将单位换算成米。将单位换算成米后,上述关系可以表示为 $Y = 0.856\ 7 + 0.516X$(单位为米)。这种趋势及回归方程表明父母身高每增加 1 米时,其成年儿子的身高平均增加 0.516 米。这就是"回归"一词最初在遗传学上的含义。

有趣的是,通过观察,高尔顿还注意到,尽管这是一种拟合较好的线性关系,但仍然存在例外现象:身高较矮的父母所生的儿子比其父要高,身高较高的父母所生子女的身高却回降到多数人的平均身高。换句话说,当父母身高走向极端时,子女的身高不会像父母的身高那样呈现极端化,其身高要比父母的身高更接近平均身高,即有"回归"到平均数的趋势,这就是统计学上最初出现"回归"时的含义,高尔顿把这一现象称为"向平均数方向的回归"。虽然这是一种特殊情况,与线性关系拟合的一般规则无关,但"线性回归"的术语却因此沿用下来,作为根据一种变量(父母身高)预测另一种变量(子女身高)或多种变量关系的描述方法。

5.1   Excel 常用的统计分析函数

统计分析函数是数据分析中最常见的函数,常见的统计分析函数包括 COUNT、COUNTA、COUNTBLANK、COUNTIF、COUNTIFS、SUM、SUMIF、SUMIFS、AVERAGE、

AVERAGEIF、AVERAGEIFS、MAX、DMAX、MIN、DMIN、LARGE、SMALL、RANK、SUMPRODUCT 等。

统计分析函数可以用来实现某一组数据最常见的几个统计指标计算，包括最大值、最小值、求和、平均值、计数等。此外，还可以实现单个或多个条件筛选下的统计，包括条件求最大值、条件求最小值、条件求和、条件求平均值、条件计数等。

上述函数可以分为基础统计函数、条件统计函数和其他函数 3 类，如表 5-1 所示。

表 5-1　统计分析函数

分类	函数	公式	说明
基础统计函数	COUNT	COUNT(valuel, [value2], …)	包含数字的单元格个数
	COUNTA	COUNTA(valuel, [value2], …)	非空单元格的个数
	COUNTBLANK	COUNTBLANK(range)	空白单元格的个数
	MAX	MAX(number1, [number2], …)	求最大值
	MIN	MIN(numberl, [number2], …)	求最小值
	SUM	SUM(number1, [number2], …)	求和
	AVERAGE	AVERAGE(numberl, [number2], …)	求平均值
条件统计函数	COUNTIF	COUNTIF(range, criteria)	单条件计数
	COUNTIFS	COUNTIFS(criteria_range, criteria, …)	多条件计数
	SUMIF	SUMIF(range, criteria, [sum_range])	单条件求和
	SUMIFS	SUMIFS([sum_range], criteria_range, criteria, …)	多条件求和
	AVERAGEIF	AVERAGEIF(range, criteria, [average_range])	单条件求平均值
	AVERAGEIFS	AVERAGEIFS([average_range], criteria_range, criteria, …)	多条件求平均值
	DMAX	DMAX(database, field, [criteria])	条件求最大值
	DMIN	DMIN(database, field, [criteria])	条件求最小值
	SUMPRODUCT	SUMPRODUCT(arrayl, [array2], [array3], …)	返回数组或相应区域交叉乘积求和
其他函数	LARGE	LARGE(array, k)	第 k 个最大值
	SMALL	SMALL(array, k)	第 k 个最小值
	RANK	RANK(number, ref, [order])	排序
	SUBTOTAL	SUBTOTAL(function_num, ref1, …)	返回一个数据列表或数据库的分类汇总

下面以某企业的客户投资表(表 5-2)为例对这些统计分析函数的使用方法分别进行说明，字段包括客户姓名、城市、性别、年龄、投资时间、投资产品、投资金额(备注：数据范围位于 A1:G9；"投资金额"字段的单位为元)。

表 5-2　某企业的客户投资表

客户姓名	城市	性别	年龄	投资时间	投资产品	投资金额
张霞	上海	F	22	2018/1/1	A	3 000
李敏	广州	M	25	2018/1/16	B	1 000
王飞	深圳	F	28	2018/1/28	A	6 000
李丽	广州	F	23	2018/2/15	C	2 000
李崇盛	上海	M	24	2018/3/2	A	3 000
刘川	上海	F	35	2018/3/17	B	7 000
陈生	北京	M		2018/4/1	A	4 000
张志豪	广州	F	31	2018/4/16	C	5 000

1. COUNT 函数

功能说明：计算区域中包含数字的单元格的个数。

语法：COUNT(value1，[value2]，...)。

参数：

（1）value1 必需，表示要计数的第一个值或单元格引用；

（2）value2，... 可选，表示要计数的其他值或单元格引用，最多可包含 255 个参数。

示例：统计所有客户的累计投资次数，在单元格 I2 中输入统计公式，如图 5-1 所示。

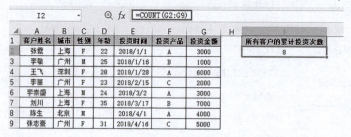

图 5-1　统计所有客户的累计投资次数

2. COUNTA 函数

功能说明：计算区域中非空单元格的个数。

语法：COUNTA(value1，[value2]，...)。

参数：

（1）value1 必需，表示要计数的第一个值或单元格引用；

（2）value2，... 可选，表示要计数的其他值或单元格引用，最多可包含 255 个参数。

示例：统计所有客户中"年龄"字段非空的客户数，在单元格 I2 中输入统计公式，如图 5-2 所示。

图 5-2 统计所有客户中"年龄"字段非空的客户数

3. COUNTBLANK 函数

功能说明：计算某个区域中空白单元格的个数。

语法：COUNTBLANK（range）。

参数：range 必需，表示要计算其中空白单元格个数的区域。

示例：统计所有客户中"年龄"字段为空值的客户数，在单元格 I2 中输入统计公式，如图 5-3 所示。

图 5-3 统计所有客户中"年龄"字段为空值的客户数

4. MAX 函数

功能说明：返回一组值中的最大值。

语法：MAX（number1，[number2]，…）。

参数：

（1）number1 必需，表示求最大值的第一个数字或单元格区域；

（2）number2，… 可选，表示求最大值的其他数字或单元格区域。

示例：统计所有客户的最大投资金额，在单元格 I2 中输入统计公式，如图 5-4 所示。

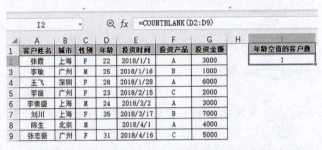

图 5-4 统计所有客户的最大投资金额

5. MIN 函数

功能说明：返回一组值中的最小值。

语法：MIN(number1，[number2]，...)。

参数：

（1）number1 必需，表示求最小值的第一个数字或单元格区域；

（2）number2，... 可选，表示求最小值的其他数字或单元格区域。

示例：统计所有客户的最小投资金额，在单元格 I2 中输入统计公式，如图 5-5 所示。

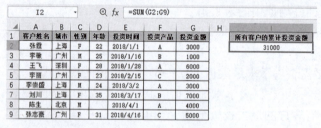

图 5-5　统计所有客户的最小投资金额

6. SUM 函数

功能说明：计算单元格区域中所有数值的和。

语法：SUM(number1，[number2]，...)。

参数：

（1）number1 必需，表示要相加的第一个数字或单元格区域；

（2）number2，... 可选，表示要相加的其他数字或单元格区域。

提示：当区域出现#N/A 等错误类型时，不能直接用 SUM 函数来进行求和，可以用 SUMIF 或 SUMIFS 函数来计算。

示例：统计所有客户的累计投资金额，在单元格 I2 中输入统计公式，如图 5-6 所示。

图 5-6　统计所有客户的累计投资金额

7. AVERAGE 函数

功能说明：返回一组值中的平均值。

语法：AVERAGE(number1，[number2]，...)。

参数：

（1）number1 必需，表示要计算平均值的第一个数字、单元格引用或单元格区域；

（2）number2，... 可选，表示要计算平均值的其他数字、单元格引用或单元格区域。

示例：统计所有客户的平均投资金额，在单元格 I2 中输入统计公式，如图 5-7 所示。

图 5-7　统计所有客户的平均投资金额

8. COUNTIF 函数

功能说明：统计满足某个条件的单元格的数量。

语法：COUNTIF（range，criteria）。

参数：

（1）range 必需，表示在其中计算关联条件的唯一区域；

（2）criteria 必需，表示关联条件，关联条件的形式为数字、表达式、单元格引用或文本。

示例：分别统计所有客户中男性客户和女性客户的人数。表 5-2 中"性别"字段为"F"表示"女性"，"性别"字段为"M"表示"男性"，如图 5-8 所示。

图 5-8　统计所有客户中男性客户和女性客户的人数

9. COUNTIFS 函数

功能说明：将条件应用于跨多个区域的单元格，然后统计满足所有条件的单元格的数量。

语法：COUNTIFS（criteria_range1，criterial，［criteria_range2］，［criteria2］，…）。

参数：

（1）criteria_range1 必需，表示在其中计算关联条件的第一个区域；

（2）criteria1 必需，表示关联条件，关联条件的形式为数字、表达式、单元格引用或文本，例如，关联条件可以表示为 30、">38"、B4、"上海"或"A"；

（3）criteria_range2，criteria2，… 可选，表示附加的区域及其关联条件。

提示：多个条件计数不能用 COUNTIF 函数，需要用 COUNTIFS 函数来统计。

示例：统计所有客户中上海女性的客户人数，在单元格 I2 中输入统计公式，如图 5-9 所示。

| | I2 | | ▼ | | ⊕ | fx | =COUNTIFS(B:B,"上海",C:C,"F") |

▲	A	B	C	D	E	F	G	H
1	客户姓名	城市	性别	年龄	投资时间	投资产品	投资金额	
2	张霞	上海	F	22	2018/1/1	A	3000	
3	李敏	广州	M	25	2018/1/16	B	1000	
4	王飞	深圳	F	28	2018/1/28	A	6000	
5	李丽	广州	F	23	2018/2/15	C	2000	
6	李崇盛	上海	M	24	2018/3/2	A	3000	
7	刘川	上海	F	35	2018/3/17	B	7000	
8	陈生	北京	M		2018/4/1	A	4000	
9	张志豪	广州	F	31	2018/4/16	C	5000	

上海女性的客户人数: 2

图5-9　统计所有客户中上海女性的客户人数

10. SUMIF 函数

功能说明：对满足条件的单元格求和（单条件求和）。

语法：SUMIF(range，criteria，[sum_range])。

参数：

（1）range 必需，表示根据条件进行计算的单元格区域，每个区域中的单元格必须是数字、名称、数组或包含数字的引用；

（2）criteria 必需，用于确定对哪些单元格求和的条件，其形式可以为数字、表达式、单元格引用、文本或函数；

（3）sum_range 可选，表示要求和的单元格区域。

示例：统计所有客户中男性客户的投资金额之和，在单元格 I2 中输入统计公式，如图 5-10 所示。

| | I2 | | ▼ | | ⊖ | fx | =SUMIF(C:C,"M",G:G) |

▲	A	B	C	D	E	F	G	H
1	客户姓名	城市	性别	年龄	投资时间	投资产品	投资金额	
2	张霞	上海	F	22	2018/1/1	A	3000	
3	李敏	广州	M	25	2018/1/16	B	1000	
4	王飞	深圳	F	28	2018/1/28	A	6000	
5	李丽	广州	F	23	2018/2/15	C	2000	
6	李崇盛	上海	M	24	2018/3/2	A	3000	
7	刘川	上海	F	35	2018/3/17	B	7000	
8	陈生	北京	M		2018/4/1	A	4000	
9	张志豪	广州	F	31	2018/4/16	C	5000	

男性客户的投资金额之和: 8000

图5-10　统计所有客户中男性客户的投资金额之和

11. SUMIFS 函数

功能说明：对一组给定条件指定的单元格求和（多条件求和）。

语法：SUMIFS([sum_range]，criteria_range1，criteria1，[criteria_range2]，[criteria2]，…)。

参数：

（1）sum_range 可选，表示要求和的单元格区域；

（2）criteria_range1 必需，表示根据条件进行计算的单元格区域 1；

（3）criteria1 必需，用于确定对哪些单元格求和的条件 1。

（4）criteria_range2，criteria2，… 可选，表示附加的区域及其关联条件。

示例：统计所有客户中广州女性的投资金额之和，在单元格 I2 中输入统计公式，如图 5-11 所示。

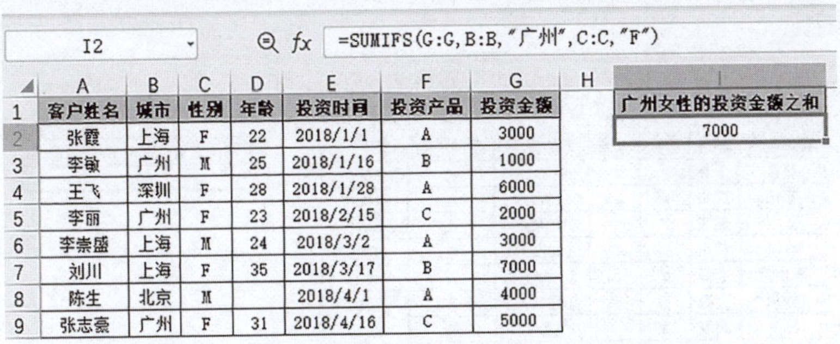

图 5-11　统计所有客户中广州女性的投资金额之和

12. AVERAGEIF 函数

功能说明：返回满足单个条件的所有单元格的平均值(算术平均值)。

语法：AVERAGEIF(range，criteria，[average_range])。

参数：

(1)range 必需，表示根据条件进行计算的单元格区域，每个区域中的单元格必须是数字、名称、数组或包含数字的引用；

(2)criteria 必需，用于确定对哪些单元格求平均值的条件，其形式可以为数字、表达式、单元格引用、文本或函数；

(3)average_range 可选，表示要求平均值的单元格区域。

示例：统计所有客户中女性客户的平均投资金额，在单元格 I2 中输入统计公式，如图 5-12 所示。

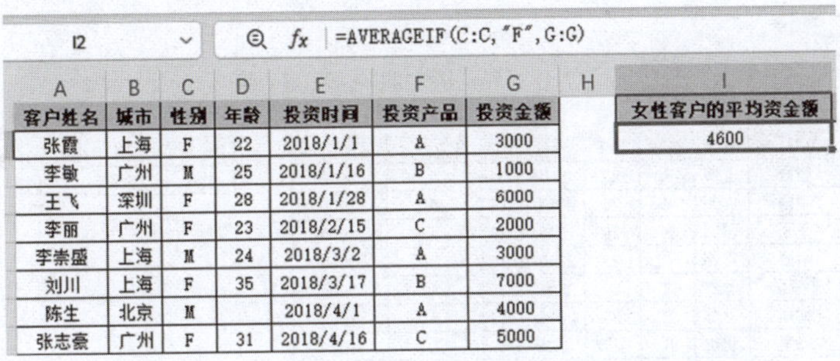

图 5-12　统计所有客户中女性客户的平均投资金额

13. AVERAGEIFS 函数

功能说明：返回满足多个条件的所有单元格的平均值(算术平均值)。

语法：AVERAGEIFS([average_range]，criteria_range1，criteria1，[criteria_range2]，[criteria2]，…)。

参数：

(1)average _range 可选，表示要求平均值的单元格区域；

(2)criteria_range1 必需，表示根据条件进行计算的单元格区域 1；

(3)criteria1 必需，表示用于确定对哪些单元格求平均值的条件 1；

(4)criteria_range2，criteria2，… 可选，表示附加的区域及其关联条件。

示例：统计所有客户中上海男性客户的平均投资金额，在单元格 I2 中输入统计公式，如图 5-13 所示。

I2 =AVERAGEIFS(G:G,B:B,"上海",C:C,"M")

客户姓名	城市	性别	年龄	投资时间	投资产品	投资金额
张霞	上海	F	22	2018/1/1	A	3000
李敏	广州	M	25	2018/1/16	B	1000
王飞	深圳	F	28	2018/1/28	A	6000
李丽	广州	F	23	2018/2/15	C	2000
李崇盛	上海	M	24	2018/3/2	A	3000
刘川	上海	F	35	2018/3/17	B	7000
陈生	北京	M		2018/4/1	A	4000
张志豪	广州	F	31	2018/4/16	C	5000

上海男性客户的平均投资金额
3000

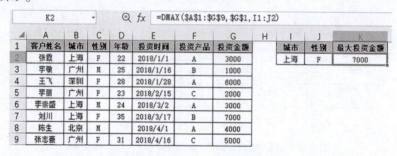

图 5-13 统计所有客户中上海男性客户的平均投资金额

14. DMAX 函数

功能说明：返回列表或数据库中满足指定条件的记录字段(列)中的最大数字。

语法：DMAX(database，field，[criteria])。

参数：

(1)database 必需，表示构成列表或数据库的单元格区域；

(2)field 必需，表示指定函数所使用的列，输入两端带双引号的列标签；

(3)criteria 可选，表示包含所指定条件的单元格区域，可以为参数 criteria 指定任意区域，只要此区域包含至少一个列标签，并且列标签下至少有一个在其中为列指定条件的单元格。

示例：统计所有客户中上海女性客户的最大投资金额，在单元格 K2 中输入统计公式，如图 5-14 所示。

K2 =DMAX($A$1:$G$9,$G$1,I1:J2)

	A	B	C	D	E	F	G
1	客户姓名	城市	性别	年龄	投资时间	投资产品	投资金额
2	张霞	上海	F	22	2018/1/1	A	3000
3	李敏	广州	M	25	2018/1/16	B	1000
4	王飞	深圳	F	28	2018/1/28	A	6000
5	李丽	广州	F	23	2018/2/15	C	2000
6	李崇盛	上海	M	24	2018/3/2	A	3000
7	刘川	上海	F	35	2018/3/17	B	7000
8	陈生	北京	M		2018/4/1	A	4000
9	张志豪	广州	F	31	2018/4/16	C	5000

城市	性别	最大投资金额
上海	F	7000

图 5-14 统计所有客户中上海女性客户的最大投资金额

15. DMIN 函数

功能说明：返回列表或数据库中满足指定条件的记录字段(列)中的最小数字。

语法：DMIN(database，field，[criteria])。

(1)database 必需，表示构成列表或数据库的单元格区域；

(2)field 必需，表示指定函数所使用的列，输入两端带双引号的列标签；

(3)criteria 可选，表示包含所指定条件的单元格区域，可以为参数 criteria 指定任意区域，只要此区域包含至少一个列标签，并且列标签下至少有一个在其中为列指定条件的单元格。

示例：统计所有客户中上海女性客户的最小投资金额，在单元格 K2 中输入统计公式，如图 5-15 所示。

图 5-15　统计所有客户中上海女性客户的最小投资金额

16. SUMPRODUCT 函数

功能说明：在给定的几个数组中，将数组间对应的元素相乘，并返回乘积之和。

语法：SUMPRODUCT(array1，[array2]，[array3]，...)。

参数：

（1）array1 必需，表示其相应元素需要进行相乘并求和的第 1 个数组参数；

（2）array2，array3，... 可选，表示第 2~255 个数组参数，其相应元素需要进行相乘并求和。

示例：以某超市的产品销售表为例，统计产品销售总额，在单元格 F2 中输入统计公式，如图 5-16 所示。

图 5-16　统计产品销售总额

17. LARGE 函数

功能说明：返回数据集中第 k 个最大值。

语法：LARGE(array，k)。

参数：

（1）array 必需，表示需要返回第 k 个最大值的数组或数据区域；

（2）k 必需，表示返回值在数组或数据单元格区域中的位置（从大到小）。

示例：统计所有客户中单次投资排名第二的投资金额，在单元格 I2 中输入统计公式，如图 5-17 所示。

	I2	▼	⊝ fx		=LARGE(G2:G9, 2)				
▲	A	B	C	D	E	F	G	H	I
1	客户姓名	城市	性别	年龄	投资时间	投资产品	投资金额		单次投资排名第二的投资金额
2	张霞	上海	F	22	2018/1/1	A	3000		6000
3	李敏	广州	M	25	2018/1/16	B	1000		
4	王飞	深圳	F	28	2018/1/28	A	6000		
5	李丽	广州	F	23	2018/2/15	C	2000		
6	李崇盛	上海	M	24	2018/3/2	A	3000		
7	刘川	上海	F	35	2018/3/17	B	7000		
8	陈生	北京	M		2018/4/1	A	4000		
9	张志豪	广州	F	31	2018/4/16	C	5000		

图 5-17　统计所有客户中单次投资排名第二的投资金额

18. SMALL 函数

功能说明：返回数据集中第 k 个最小值。

语法：SMALL(array，k)。

参数：

(1) array 必需，表示需要返回第 k 个最小值的数组或数据区域；

(2) k 必需，表示返回值在数组或数据单元格区域中的位置(从小到大)。

示例：统计所有客户中单次投资排名倒数第二的投资金额，在单元格 I2 中输入统计公式，如图 5-18 所示。

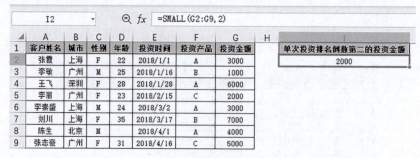

	I2	▼	⊝ fx		=SMALL(G2:G9, 2)				
▲	A	B	C	D	E	F	G	H	I
1	客户姓名	城市	性别	年龄	投资时间	投资产品	投资金额		单次投资排名倒数第二的投资金额
2	张霞	上海	F	22	2018/1/1	A	3000		2000
3	李敏	广州	M	25	2018/1/16	B	1000		
4	王飞	深圳	F	28	2018/1/28	A	6000		
5	李丽	广州	F	23	2018/2/15	C	2000		
6	李崇盛	上海	M	24	2018/3/2	A	3000		
7	刘川	上海	F	35	2018/3/17	B	7000		
8	陈生	北京	M		2018/4/1	A	4000		
9	张志豪	广州	F	31	2018/4/16	C	5000		

图 5-18　统计所有客户中单次投资排名倒数第二的投资金额

19. RANK 函数

功能说明：返回指定值在数据集中的排名或相对位置。

语法：RANK(number，ref，[order])。

参数：

(1) number：必需，表示其排位的数字或单元格名称(单元格内必须为数字)；

(2) ref：必需，数字列表的数组或对数字列表的引用；

(3) order：可选，一个指定数字排位方式的数字。该参数为 0 则表示降序排列，为 1 则表示升序排列。

示例：依据投资金额进行降序排列和升序排列，如图 5-19 所示。

图 5-19　依据投资金额进行降序排列和升序排列

20. SUBTOTAL 函数

功能说明：根据指定的函数对数据进行分类汇总。

语法：SUBTOTAL(function_num，ref1，…)。

参数：

（1）function_ num：必需，数字 1~11（包含隐藏值）或 101~111（忽略隐藏值）的一个数字，指定使用何种函数在列表中进行分类汇总计算。function_ num 的不同值代表了不同的汇总函数，例如 1 表示求平均值（AVERAGE），9 表示求和（SUM）等；

（2）ref1，…：必需，要对其进行分类汇总计算的一个或多个命名区域或引用。这些参数必须是对单元格区域的引用。

示例：计算所有客户的总投资金额（忽略任何筛选或隐藏的行），在单元格 H2 中输入公式，如图 5-20 所示。

图 5-20　计算所有客户的总投资金额

5.2　Excel 数据透视表实现统计分析

Excel 除了拥有强大的函数处理功能外，还可以通过数据透视表进行数据统计分析。利用数据透视表功能实现的汇总分析相对函数处理更为灵活方便，很容易实现不同维度的汇总统计（最大值、最小值、求和、平均值）。

本节以本书 4.2.3 小节中预处理后的"中国电影网电影 .xlsx"为源数据，通过数据透视表功能，实现"在中国哪类电影受欢迎？""电影发行量与时间之间是什么关系？""导演主要执导哪类电影？"3 个数据分析的需求。

5.2.1　数据透视表的创建

数据透视表要求的数据格式是矩形数据库表。数据源的第一行为标题，下面的每一行数据称为记录，用来描述数据的信息。数据的每一列是一个字段(包含维度和度量)。

(1)维度：用于描述分析的字段，出现在数据透视表的行、列、筛选选项。

(2)度量：用于汇总聚合的字段，出现在数据透视表的值选项。

选中数据区域内的任意单元格，然后依次单击"插入"→"表格"→"数据透视表"命令，在弹出的"创建数据透视表"对话框(图5-21)中，"请选择放置数据透视表的位置"区域可以选择"新工作表"和"现有工作表"单选按钮。选择"新工作表"单选按钮，数据透视表会在一张新建的工作表内生成；选择"现有工作表"单选按钮，则需要输入存储数据透视表的位置。这里选择"新工作表"单选按钮。

单击"确定"按钮，弹出"数据透视表字段"对话框，该对话框包含整个数据集的所有字段及4个区域(筛选、行、列、值)。进行汇总分析时，把需要分析的维度拖到行、列、筛选区域，汇总聚合的度量值拖到值区域。

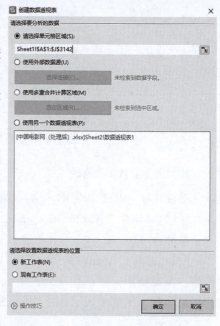

图5-21 "创建数据透视表"对话框

5.2.2 中国电影网数据分析

以4.2.3小节中预处理后的"中国电影网电影.xlsx"为例，此数据包含9个字段("电影名""累计票房""导演""主演""上映时间""国家及地区""发行公司""类型"和"链接")。与需求分析紧密相关的字段为"中文电影名""导演中文名称""上映时间""类型"，如图5-22所示。

	中文电影名	导演中文名称	上映时间	类型
1	中文电影名	导演中文名称	上映时间	类型
2	让子弹飞	姜文	2010年12月16日	喜剧
3	唐山大地震	冯小刚	2010年7月22日	剧情
4	非诚勿扰2	冯小刚	2010年12月22日	爱情
5	狄仁杰之通天帝国	徐克	2010年9月29日	动作
6	叶问2：宗师传奇	叶伟信	2010年4月27日	动作
7	赵氏孤儿	陈凯歌	2010年12月4日	动作
8	大兵小将	丁晟	2010年2月14日	动作
9	大笑江湖	朱延平	2010年12月3日	喜剧
10	山楂树之恋	张艺谋	2010年9月15日	爱情
11	锦衣卫	李仁港	2010年2月3日	动作
12	精武风云·陈真	刘伟强	2010年9月21日	动作
13	越光宝盒	刘镇伟	2010年3月18日	喜剧

图5-22 电影数据

1. 数据分析需求

(1)在中国哪类电影受欢迎？

(2)电影发行量与时间之间是什么关系？

(3)导演主要执导哪类电影？

2. 具体实现

(1)针对需求分析"在中国哪类电影受欢迎？"，将字段列表中的类型字段拖到行区域，将字段列表中的"类型"字段拖到值区域(因为"类型"字段的类型是文本，因此默认为计算项）。

在值区域中找到对应的需要修改的字段，单击下拉按钮，在展开的下拉菜单中选择"值字段设置"选项，然后在弹出的"值字段设置"对话框里面选择需要的值字段汇总方式，以及修改自定义名称，如图5-23~图5-25所示。

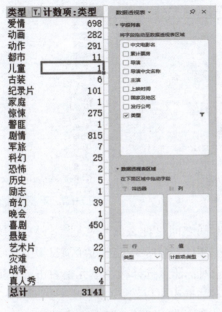

图 5-23 步骤 1 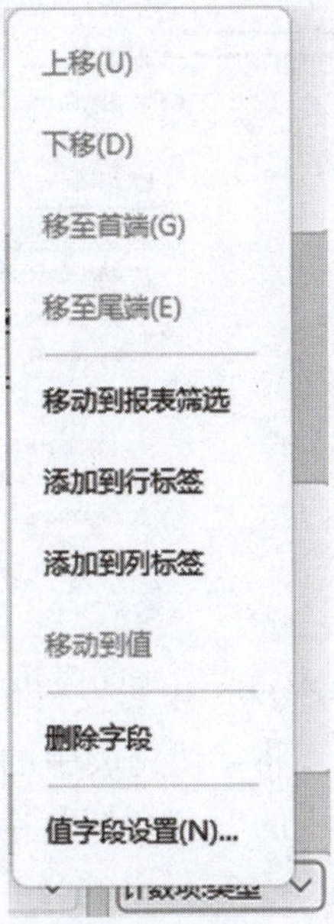　　　　　　　图 5-24 步骤 2

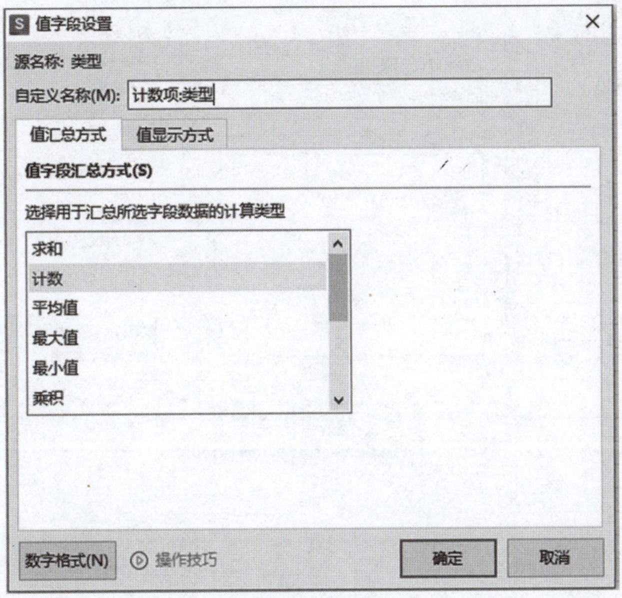

图 5-25 步骤 3

然后，在数据透视表中，选择"计数项：中文电影名"字段任意一个单元格，右击，在弹出的快捷菜单中选择排序的方式，即可完成排序功能，这里选择"升序"，如图5-26和图5-27所示。

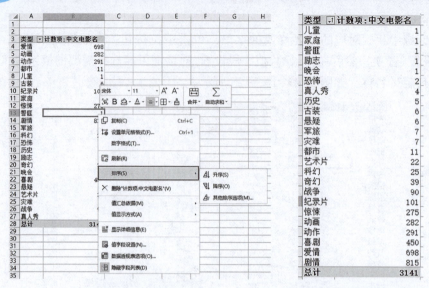

图 5-26 步骤 4　　　　　　　　　　图 5-27 数据透视表排序

（2）针对需求分析"电影发行量与时间之间是什么关系?"将字段列表中的"上映时间"字段拖至行区域，将字段列表中的"中文电影名"字段拖至值区域（默认为计数项），然后在生成的透视表中的"上映时间"字段一列，任意选择一个单元格右击，在弹出的快捷菜单中选择"组合"命令，在弹出的"组合"对话框中可以选择"年"或"月"或"日"，或者它们的组合，进行统计。本案例以"年"为时间单位进行统计，如图 5-28 所示。

图 5-28 以"年"为时间单位进行统计

(3)针对需求分析"导演主要执导哪类电影?",将字段列表中"导演中文名称"字段拖至行区域,将字段列表中的"类型"字段拖至值区域,具体实现此处不再赘述。

5.3　Excel 数据分析工具实现统计分析

Excel 常用的数据分析工具可以完成描述统计、直方图、相关系数、移动平均、指数平滑、回归等统计分析方法,方便用户快速进行数据统计分析。此时,需要使用"数据"选项卡"分析"组中的"数据分析"工具,若没有该项,则需要加载"分析工具库"宏程序。

1. 安装过程

(1)依次单击"文件"→"选项"命令,弹出"Excel 选项"对话框,如图 5-29 所示。

(2)依次单击"加载项"→"管理"→"Excel 加载项"命令,单击"转到"按钮,弹出"加载项"对话框,如图 5-30 所示。

(3)勾选"分析工具库"复选框,若要包含分析工具库的 VBA 函数,则同时勾选"分析工具库-VBA"复选框,单击"确定"按钮,即可完成加载安装。

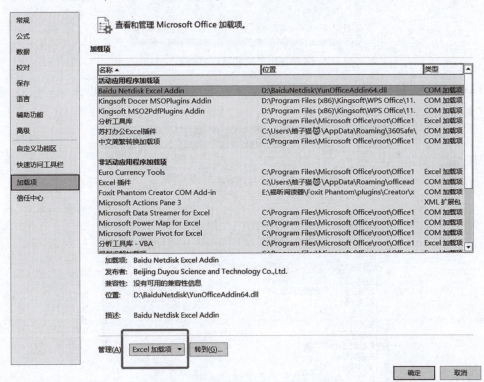

图 5-29　"Excel 选项"对话框

图 5-30 "加载项"对话框

(4)安装完成后，重启 Excel 软件，依次单击"数据"→"数据分析"命令，弹出"数据分析"对话框，如图 5-31 所示。

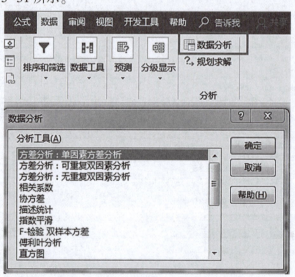

图 5-31 "数据分析"对话框

2. 统计方法归纳

统计方法归纳如图 5-32 所示。

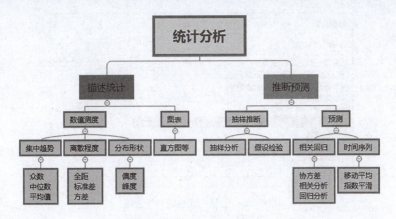

图 5-32　统计方法归纳

5.3.1　描述性统计分析

对一组数据进行分析之前，需要对数据进行描述性统计分析，以了解不同变量的分布情况，然后再进行深入分析。描述性统计分析要对调查总体所有变量的有关数据进行统计性描述，主要包括数据的频数分析、趋势分析、离散程度分析、数据分布以及一些基本的统计图形。

1. 描述性统计分析的作用

(1)频数分析：利用频数分析和交叉频数分析可以检验异常值。

(2)趋势分析：用来反映数据的一般水平，常用的指标有平均值、中位数和众数。

(3)离散程度分析：用来反映数据之间的差异程度，常用的指标有方差和标准差。

(4)数据分布：利用偏度和峰度两个指标来检查样本数据是否符合正态分布。

(5)统计图形：用图形的形式来表达数据，比用文字表达更清晰、更简明。

2. 描述性统计分析的操作步骤

案例：某高校针对女生体检后，得到一组有关身高与体重的数据，有 500 条数据记录。要求得到上述数据的平均值、标准误差（相对于平均值）、中位数、众数、标准差等统计指标，并分析该数据的合理性。女生体检数据（部分）如图 5-33 所示。

(1)选中数据源，包括标题字段行和数值记录行。

(2)依次单击"数据"→"数据分析"命令，在弹出的"数据分析"对话框中选择"描述统计"选项，如图 5-34 所示，单击"确定"按钮。然后，进入图 5-35 所示的"描述统计"对话框。

	A	B	C
1	id	height	weight
2	1	156	87
3	2	163	97
4	3	163	99
5	4	155	85
6	5	155	85
7	6	169	108
8	7	157	89
9	8	172	111
10	9	151	80
11	10	171	110
12	11	160	94
13	12	162	96
14	13	164	100
15	14	162	96
16	15	168	106
17	16	162	98
18	17	170	109
19	18	161	95
20	19	162	97
21	20	162	96
22	21	155	86
23	22	160	93
24	23	166	103
25	24	165	100

图 5-33　女生体检数据(部分)

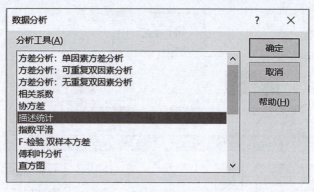

图 5-34   选择"描述统计"选项

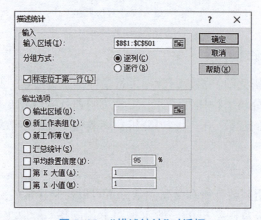

图 5-35   "描述统计"对话框

（3）在"输入区域"选择需要描述性统计分析的区域，包括标题字段行和数值记录行；在"输出区域"选择任意空白区域单元格；勾选"汇总统计""平均数置信度""第 K 大值""第 K 小值"复选框，单击"确定"按钮。

（4）描述性统计结果如图 5-36 所示。

	A	B	C	D
	height		weight	
平均值		162.9	平均值	97.7
标准误差		0.2	标准误差	0.3
中位数		163	中位数	98
众数		163	众数	98
标准差		4.6	标准差	7.0
方差		21.1	方差	49.7
峰度		-0.2	峰度	-0.2
偏度		-0.1	偏度	-0.1
区域		25	区域	38
最小值		149	最小值	77
最大值		174	最大值	115
求和		81464	求和	48861
观测数		500	观测数	500
置信度(95.0%)		0.40393	置信度(95.0%)	0.619184

图 5-36   描述性统计结果

3. 描述性统计的指标解释

描述性统计的指标包括平均值、标准误差、中位数、众数、标准差、方差、峰度、偏度、区域、最小值、最大值、求和、观测数、第 K 大(小)值和置信度等指标。

平均值：一组数据之和除以数据的个数。样本中身高与体重的平均值分别为 162.9 (单位为厘米)和 97.7(单位为斤，1 斤＝0.5 千克)，与生活常识比较相符。

标准误差：标准差除以样本容量的平方根。样本中身高与体重的标准误差分别为 0.2 和 0.3。

中位数：排序后位于中间的数据的值。样本中身高与体重的中位数分别为 163 和 98，与平均值比较接近。

众数：出现次数最多的值。样本中身高与体重的众数分别为 163 和 98。

标准差：各个数据分别与其平均值之差的平方的和的平均数的平方根。标准差是反映一组数据离散程度最常用的一种量化形式，是表示精确度的重要指标。样本中身高与体重的标准差分别为 4.6 和 7.0。

方差：各个数据分别与其平均值之差的平方的和的平均数。样本中身高与体重的方差分别为 21.1 和 49.7。

峰度：衡量数据分布起伏变化的指标，以正态分布为基准，比其平缓时值为正，反之则为负。样本中身高与体重的峰度均为-0.2，均属于平顶峰度。

偏度：衡量数据峰度偏移的指标，根据峰度在平均值左侧或右侧分别为正值或负值。样本中身高与体重的偏度均为-0.1，均小于 0，说明数据右偏，平均值大于众数和中位数。若偏度均接近于 0，则认为分布基本是对称的，接近正态分布，符合身高、体重呈正态分布的特征。

区域：最大值与最小值的差值。样本中身高与体重的区域分别为 25 和 38。

最小值：一组数据中值最小的数据。样本中身高与体重的最小值分别为 149 和 77。

最大值：一组数据中值最大的数据。样本中身高与体重的最大值分别为 174 和 115。

求和：一组数据中所有数据的和。样本中身高与体重的数据和分别为 81 464 和 48 861。

观测数：一组数据中所有数据的个数。样本中身高与体重的观测数均为 500。

第 K 大(小)值：输出数据表的某一行中包含每个数据区域的第 K 个最大(小)值。

置信度：总体均值区间估计的置信度。95%指的是总体均值有 95%的可能性在计算出的区间中。样本中身高与体重的置信度均大于 0.05，可以认为数据是真实有效的。

5.3.2 直方图

直方图也称质量分布图，是一种统计分析报告图，即由一系列高度不等的纵向柱状图或线段表示数据的分布状况。一般用横轴表示数据类型，纵轴表示数据的分布情况。

1. 直方图的作用

直方图是检查数据内部合理性经常使用的方法，也是一种快速检查数据质量的重要技巧。

直方图是统计分析方法的核心。典型的正态分布曲线是一条关于均值对称的钟形曲线，其最高点位于均值处，并从该点开始逐渐向两侧平滑下降。检查数据的内部合理性就是判断数据直方图是否符合正态分布的特点。

2. 直方图的操作步骤

制作直方图前，需要对数据进行分组，分组涉及组数和组距两个概念。在统计数据时，把数据按照不同的范围分成几个组，组的个数称为组数。组距是每一组两个端点的差。组数和组距的选择将决定直方图的质量。

针对 5.3.1 小节中，关于某高校针对女生体检测量的身高与体重数据，通过绘制直方图，可以更加直观地判断数据的合理性。我们知道身高、体重接近正态分布，那么使用合理的身高、体重数据绘制的直方图也应该近似于正态分布。

绘制身高与体重数据的直方图的步骤如下。

(1)设置区域的名称。选择区域 B2: B501，在名字对话框中输入名字"Height"，用来表示身高数据，如图 5-37 所示。选择区域 C2: C501，在名字对话框中输入名字"Weight"，用来表示体重数据。上述命名方便后期使用。

	Height		$\vee$	$\oplus$	$f\!x$	
	A	B		C		
	id	height		weight		
	1	156		87		
	2	163		97		
	3	163		99		
	4	155		85		
	5	155		85		
	6	169		108		
	7	157		89		
	8	172		111		
	9	151		80		
	10	171		110		
	11	160		94		
	12	162		96		
	13	164		100		
	14	162		96		
	15	168		106		

图 5-37　设置区域的名称

(2)确定组距和组数。使用函数 MIN(Height) 和 MAX(Height)、MIN(Weight) 和 MAX(Weight)分别计算身高和体重的最值。身高的最小值为 149，最大值为 174，组距设为 1，组数则为 26。体重的最小值为 77，最大值为 115，组距设为 2，组数则为 17，如图 5-38 所示。

A id	B height	C weight	D	E	F 身高接收区域	G 体重接收区域
1	156	87	最低身高:	149	149	77
2	163	97	最高身高:	174	150	79
3	163	99	最小体重:	77	151	81
4	155	85	最大体重:	115	152	83
5	155	85			153	85
6	169	108			154	87
7	157	89			155	89
8	172	111			156	91
9	151	80			157	93
10	171	110			158	95
11	160	94			159	97
12	162	96			160	99
13	164	100			161	101
14	162	96			162	103
15	168	106			163	105
16	163	98			164	107
17	170	109			165	109
18	161	95			166	111
19	162	97			167	113
20	162	96			168	115
21	155	86			169	117
22	160	93			170	
23	166	103			171	
24	165	100			172	
25	166	102			173	
26	156	88			174	
27	160	93			175	
28	161	95				
29	163	98				
30	157	89				

图 5-38　确定组距和组数

（3）设置直方图的输入和输出选项。打开"直方图"对话框，"输入区域"是数据存储区，"接收区域"是组数区，因为"Height"和"Weight"不包含行头，所以不需要勾选"标志"复选框，"输出选项"区域选择"新工作表组"单选按钮，然后勾选"图表输出"复选框，如图5-39和图5-40所示。

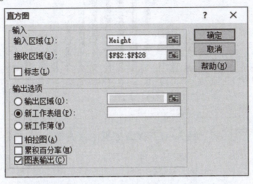

图5-39 身高数据的直方图选项设置

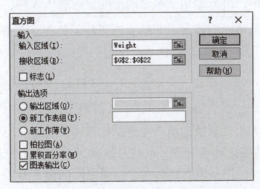

图5-40 体重数据的直方图选项设置

（4）查看显示的直方图。显示的直方图如图5-41和图5-42所示。横轴显示接收组，纵轴显示频率情况。使用直方图不仅可以查看各组频率，还可以查看各组之间的频率差异。本案例基本呈现正态分布，数据的平均值决定了正态分布曲线的中心位置，方差决定了正态分布曲线的陡峭或扁平程度。这样，通过直方图的形式再次证实了数据内部检查较合理。

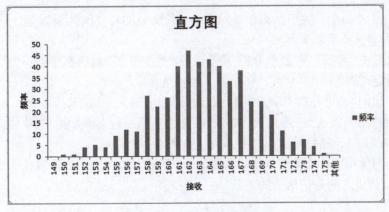

图5-41 身高数据的直方图

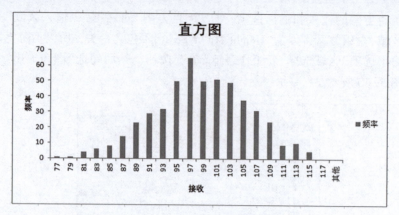

图 5-42　体重数据的直方图

5.3.3　协方差

在概率论和统计学中，协方差用于衡量两个变量的总体误差，而方差是协方差的一种特殊情况，即当两个变量相同的情况。变量 X 的平均值为 $\bar{X}$，变量 Y 的平均值为 $\bar{Y}$，X 与 Y 之间的协方差 $\mathrm{Cov}(X,\,Y)$ 定义为

$$\mathrm{Cov}(X,\,Y) = \frac{\sum_{i=1}^{n}(X_i - X)(Y_i - Y)}{n-1}$$

从直观上来看，协方差表示的是两个变量总体误差的期望。协方差的分析如下。

（1）如果两个变量的变化趋势一致，也就是说如果其中一个变量大于自身的期望值且另外一个变量也大于自身的期望值，那么两个变量之间的协方差就是正值，两个变量之间是正相关的关系。

（2）如果两个变量的变化趋势相反，即其中一个变量大于自身的期望值而另外一个变量却小于自身的期望值，那么两个变量之间的协方差就是负值，两个变量之间是负相关的关系。

（3）如果两个变量是独立统计的，那么两个变量之间的协方差就是 0，两个变量之间没有相关性。

针对 5.3.1 小节中，关于某高校针对女生体检测量的身高与体重数据，计算身高与体重之间的协方差，步骤如下。

（1）依次单击"数据"→"数据分析"命令，在"数据分析"对话框中选择"协方差"选项，然后单击"确定"按钮。

（2）在弹出的"协方差"对话框中进行参数设置，"输入区域"选择 $B$1：$C$501（包含标题），"分组方式"默认为"逐列"，勾选"标志位于第一行"复选框，"输出区域"选择某个单元格，如 $D$1，然后单击"确定"按钮，如图 5-43 所示。

（3）身高与体重的协方差统计结果如图 5-44 所示。两者之间的协方差为 32.33，由此可见，身高与体重之间是正相关的关系。

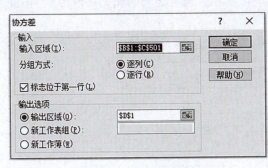

	A	B	C	D	E	F
1	id	height	weight		height	weight
2	1	156	87	height	21.09	
3	2	163	97	weight	32.33	49.56
4	3	163	99			
5	4	155	85			
6	5	155	85			
7	6	169	108			
8	7	157	89			
9	8	172	111			
10	9	151	80			
11	10	171	110			
12	11	160	94			
13	12	162	96			
14	13	164	100			

图 5-43 "协方差"对话框 图 5-44 身高与体重的协方差统计结果

但是,协方差仅能进行定性分析,并不能进行定量分析,也就是对于身高与体重之间的相关度,协方差并没有给出定量的判断标准,因此需要计算两者之间的相关系数来判断。

5.3.4 相关系数

在统计学中,皮尔逊相关系数(Pearson Correlation Coefficient),又称皮尔逊积矩相关系数(Pearson Product-Moment Correlation Coefficient,简称 PPMCC 或 PCCs),用于度量两个变量 X 和 Y 之间的相关(线性相关)度,其值为-1~1。相关系数的简单分类如下。

(1)0.8~1.0:极强相关。

(2)0.6~0.8:强相关。

(3)0.4~0.6:中等程度相关。

(4)0.2~0.4:弱相关。

(5)0.0~0.2:极弱相关或无相关。

延续 5.3.3 小节中的协方差案例,计算身高与体重之间的相关系数,操作步骤如下。

(1)依次单击"数据"→"数据分析"命令,在弹出的"数据分析"对话框中选择"相关系数"选项,然后单击"确定"按钮。

(2)在弹出的"相关系数"对话框中进行参数设置,"输入区域"选择 $B$1: $C$501(包含标题),"分组方式"默认为"逐列",勾选"标志位于第一行"复选框;"输出区域"选择某个单元格,如 $D$1,然后单击"确定"按钮,如图 5-45 所示。

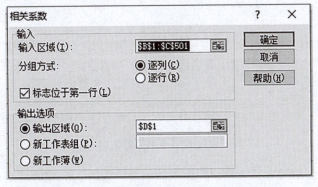

图 5-45 在"相关系数"对话框中进行参数设置

（3）身高与体重的相关系数统计结果如图5-46所示。两者之间的相关系数为1，由此可见，身高与体重之间是极强相关的关系。

	A	B	C		D	E	F
1	id	height	weight			height	weight
2	1	156	87	height	1		
3	2	163	97	weight	1	1	
4	3	163	99				
5	4	155	85				
6	5	155	85				
7	6	169	108				
8	7	157	89				
9	8	172	111				
10	9	151	80				
11	10	171	110				
12	11	160	94				
13	12	162	96				

图5-46　身高与体重的相关系数统计结果

5.3.5　线性回归模型预测

回归分析是确定两种或两种以上变量间相互依赖的定量关系的一种统计分析方法，回归分析有很多种类：根据变量的个数分为一元回归分析和多元回归分析；根据因变量的个数分为简单回归分析和多重回归分析；根据自变量和因变量之间的关系类型分为线性回归分析和非线性回归分析。下面延续5.3.4小节关于身高与体重的案例，尝试构建两者之间的关系模型，建立一元线性回归模型。

在进行一元线性回归分析之前，可以先绘制二维散点图来观察两个变量之间的关系，然后添加趋势线，选择线性回归模型以获得方程及相关系数R的平方值，操作步骤如下。

（1）选中区域B1：C501范围内的身高和体重数据（包含标题），然后依次单击"插入"→"图表"→"散点图"命令，结果如图5-47所示。

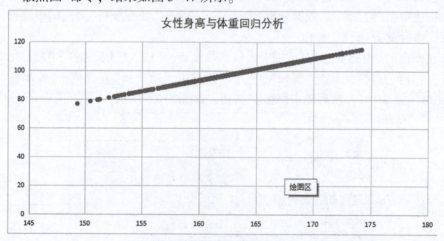

图5-47　女性身高与体重散点图

不难发现，数据量过大使线性回归图表的效果不理想，不能够清晰地看到离散点，所以需要进行随机抽样，样本量为20个，然后观察散点图的效果。

（2）在D2单元格中输入公式"＝RANDBETWEEN（2，501）"，随机产生一个行号。这里的参数表示数据所处行的范围是第 2~501 行。在 E2 单元格中输入公式"=INDEX(B2:B501，$D$2)"，在 F2 单元格中输入公式"=INDEX(C2:C501，$D$2)"，得到第一组抽样样本。然后，选中 E2:F2 区域，向下拖动填充柄即可得到 20 组抽样样本，如图 5-48 所示。

	A	B	C	D	E	F
1	id	height	weight	row	height	weight
2	1	156	87	203	161	95
3	2	163	97		157	89
4	3	163	99		168	105
5	4	155	85		163	98
6	5	155	85		167	105
7	6	169	108		157	88
8	7	157	89		165	100
9	8	172	111		161	95
10	9	151	80		163	98
11	10	171	110		169	106
12	11	160	94		165	101
13	12	162	96		165	102
14	13	164	100		163	97
15	14	162	96		159	91
16	15	168	106		158	91
17	16	163	98		161	94
18	17	170	109		174	114
19	18	161	95		158	91
20	19	162	97		162	96
21	20	162	96		165	101
22	21	155	86			

图 5-48　20 组抽样样本

（3）选中所有样本数据，然后依次单击"插入"→"图表"→"散点图"命令，即可得到散点图，如图 5-49 所示。

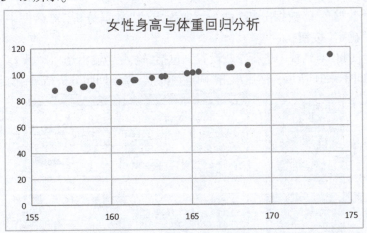

图 5-49　女性身高与体重散点图

（4）单击散点图中的任意数据点，然后右击，在弹出的快捷菜单中选择"添加趋势线"，在"属性"窗格中，将"趋势线选项"设为"线性"。另外，勾选"显示公式"和"显示 R 平方值"这两个复选框，如图 5-50 所示。

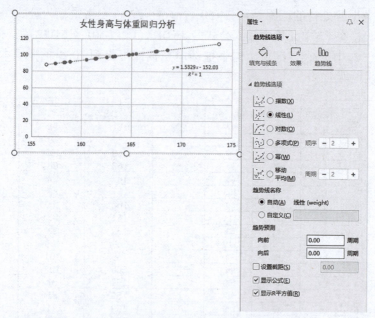

图 5-50　构建身高与体重之间的回归方程

经过上述几步操作后，得到身高与体重之间的一元线性回归方程为 $y = 1.532\,9x - 152.03$。这里的判定系数 $R^2 = 1$，说明方程的拟合程度非常好，拟合直线能解释 100% 的 y 变量的波动。

(5) 使用"数据分析"功能中的"回归"方法进行统计分析。

为了能用更多的指标来描述上述模型，可以使用"数据分析"功能中的"回归"方法进行详细的统计分析，操作步骤如下。

依次单击"数据"→"数据分析"命令，在弹出的"数据分析"对话框中选择"回归"选项，然后单击"确定"按钮。

在弹出的"回归"对话框中进行参数设置，包括"输入""输出选项""残差""正态分布"区域选项设置，如图 5-51 所示，然后单击"确定"按钮，得到回归分析结果，如图 5-52 所示。

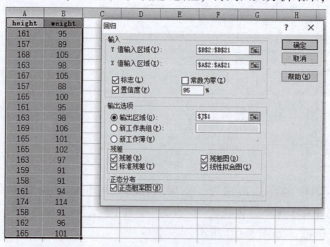

图 5-51　"回归"对话框

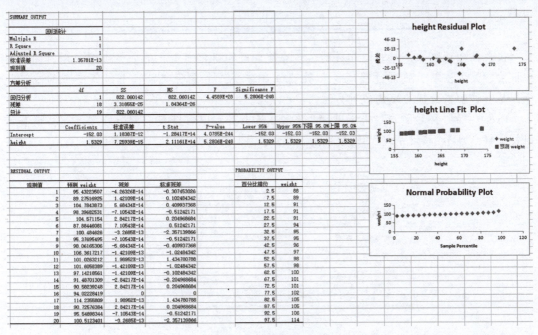

图 5-52　回归分析结果

在图 5-52 所示的回归分析结果中，关于回归统计表中的指标解释如下。

Multiple R：相关系数，用来衡量自变量 x 与因变量 y 之间的相关程度的大小。

R Square：判定系数，是相关系数 R 的平方，数值越接近 1，代表拟合效果越好。

Adjusted R Square：矫正测定系数，用于多元回归分析。

观测值：回归模型中观察值的个数。

在图 5-52 所示的回归分析结果中，关于回归系数表中的指标解释如下。

Coefficients：各自变量的系数及常量。

标准误差：各自变量的系数及常量的剩余标准差，此值越小，说明拟合程度越好。

t Stat：回归系数的 t 检验数值。

P-value：各自变量的系数及常量对应的 P 值，$P>0.05$ 表示不具有显著的统计学意义；$P\leqslant 0.01$ 表示具有非常显著的统计学意义；$0.01<P\leqslant 0.05$ 表示具有显著的统计学意义。

Upper 95% 与 Lower 95%：各自变量及常量的上、下限区间范围。

依据回归分析结果，回归统计结果中得到 $R=1$，$R^2=1$，说明方程拟合效果非常好，且身高与体重呈正相关。方差分析结果中得出身高和体重的一元线性回归方程为 $y=1.5329x-152.03$（与上述绘制散点图时实现的线性趋势线方程一致），回归模型的 F 检验和回归系数的 t 检验的 P 值都远小于 0.01，说明模型拟合很好且具有非常显著的统计学意义。残差输出结果包含预测体重数据、残差及标准残差，右侧残差分布图是以身高变量为 X 坐标轴，体重变量为 Y 坐标轴绘制的散点图，散点在 X 轴的上、下波动，随意分布，说明模型拟合结果合理。

拓展训练

很多社会现象都是与时间相关的，研究随着时间变化而变化的变量可以使用时间序列分析法。该方法基于随机过程理论和数理统计方法，主要研究数据与时间序列的统计规律，是一种动态数据处理的统计方法。

Excel 中的"移动平均""指数平滑"数据分析工具可以帮助我们解决这类问题，请查询相关资料，自学"移动平均""指数平滑"数据分析工具的使用方法，并举例说明。

弗洛伦斯·南丁格尔(1820 年 5 月 12 日—1910 年 8 月 13 日),英国护士和统计学家,出生于意大利的一个英国上流社会的家庭,在德国学习护理后,曾往伦敦的医院工作,于1853 年成为伦敦慈善医院的护士长。

出于对资料统计的结果会不受人重视的忧虑,她发展出了一种色彩缤纷的图表形式,让数据能够更加令人印象深刻。这种图表形式有时也被称为"南丁格尔的玫瑰",是一种圆形的直方图,如图 6-1 所示。南丁格尔自己常称这类图为鸡冠花图,用以表达军医院季节性的死亡率。她的方法打动了当时的高层,包括军方人士和维多利亚女王本人,于是医事改良的提案最终得到支持。

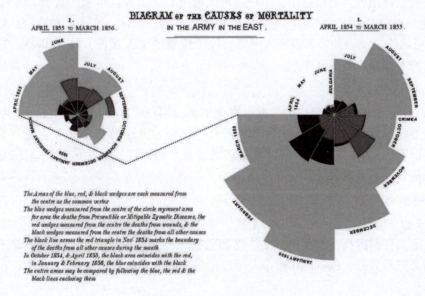

图 6-1   南丁格尔的玫瑰

人们在实践中发现,图像和图表是一种非常有效的传输信息与知识的方法。有研究表明，80%的人记得他们在自然界中用眼睛看到的信息，但只有20%的人记得书中的文字内容。几个世纪以来，人们一直依赖视觉表现，如早期的图表和地图，其让人们更加容易理解信息。

数据可视化是对数据的图像或图表格式的演示。随着越来越多的数据产生，数据可视化可以帮助用户分析信息，并提出一种让用户发现原本很难发现的模式和知识的方式。大量的数据是很难被理解和接受的，数据可视化让这个过程变得更加容易。数据可视化适合展示大量的数据，例如，一张图表可能会突出反映多种不同的事项，读者可以在数据上形成不同的意见。

6.1 数据可视化常用工具

数据可视化工具是用于展示数据的工具，它选择正确的方式将数据用图像展示，以达到最佳的可视化效果。这里，推荐30个数据可视化工具，供大家选择学习并应用。

1. RAWGraphs

RAWGraphs是一个在线的数据可视化开源工具，经常被用来处理Excel中的数据。用户只需要将数据上传到RAWGraphs中，设计出想要的图表，然后将其导出为SVG格式或PNG格式的图片。此外，上传到RAWGraphs中的数据只会在网页端进行处理，保证了数据的安全性。

2. ChartBlocks

ChartBlocks是一个在线可视化工具，它的智能数据导入向导可以引导用户一步一步地导入数据和设计图表，简单易用，用户还可以通过ChartBlocks在社交媒体（如Facebook和Twitter）上一键分享自己的图表。用户可以将图表导出为SVG、PNG、JPEG格式的图片及PDF，也可以生成源码并将图表嵌入网站。除了免费的个人账户，ChartBlocks还提供功能更加强大的专业账户和旗舰账户。

3. Tableau

Tableau是全球知名度很高的数据可视化工具，用户可以轻松使用Tableau将数据转换成自己想要的形式。Tableau是一个非常强大、安全、灵活的分析平台，支持多人协作。用户还可以通过Tableau软件、网页甚至移动设备来随时浏览已生成的图表，或者将这些图表嵌入报告、网页或软件。

4. Power BI

Power BI是微软开发的商业分析工具，可以很好地集成微软的Office办公软件。用户可以自由导入任何数据，如文件、文件夹和数据库，并且可以使用Power BI软件、网页、手机应用来查看数据。Power BI对个人用户是免费的，团队版也很便宜，对单个用户每月只收取9.9美元。

5. QlikView

QlikView的主要用户是企业用户，企业用户可以使用QlikView轻松地分析内部数据，并且可以使用QlikView的分析和企业报告功能来做决策。用户可以在QlikView中输入要搜索的关键字，QlikView 可以自动整合用户数据，帮助用户找到意想不到的数据间的关系。QlikView 同样提供免费的个人版本。

6. Datawrapper

Datawrapper 是一款在线数据可视化工具，由于创始团队中有不少人是记者出身，所以 Datawrapper 专注于满足没有编程基础的写作者的需求，帮助他们制作图表或地图。有了 Datawrapper，写作者可以制作出丰富的图表来吸引读者的注意力，同时更好地呈现自己的内容。此外，Datawrapper 的创始团队还在网站的博客中撰写了许多有趣的文章，分享他们制作图表的心得及各种数据背后的故事。

7. Visme

Visme 提供了大量的图片、小图标、模板、字体，供用户制作演示文稿、图表和报告。有了 Visme，用户可以随时随地查看和呈现自己的内容。只需要 3 个步骤，用户就可以制作出自己的社交媒体（如 Instagram 和 LinkedIn）图表，而且支持动态图像和实时数据。Visme 还提供教育折扣和非盈利机构折扣。

8. Grow

Grow 是一个仅供企业用户使用的 BI（Business Intelligence，商业智能）工具。有了 Grow，企业里的每个人都可以跟踪他们认为有意义的数据，并创建自己的特定数据仪表板，Grow 还支持从 150 多个数据源中导入数据。Grow 表示，它们的处理速度是竞争对手的 8 倍，并支持超过 300 个预先构建的报告和实时数据更新。

9. iCharts

iCharts 是专注于 NetSuite 用户和 Google Cloud 用户的 BI 工具。iCharts 可以通过在 NetSuite 仪表板中添加 iCharts BI 工具来自动分析数据并每周更新报表。iCharts 还为 Google Cloud 用户提供了一个强大而直观的界面，用户可以直接通过拖放操作来处理数据。

10. Infogram

用户可以使用 Infogram 的免费模板创建信息图、图表和地图，而且所有的操作都是在网页端完成的。用户可以下载生成后的图表，或者将这些图表嵌入网站。Infogram 的功能强大，很受用户欢迎。Infogram 除了提供免费的基础版本外，还提供专业版本、企业版本等。

11. Visual. ly

有了 Visual. ly，用户可以轻松地为自己的营销活动创建信息图、视频、报告和电子书。此外，用户也在 Visual. ly 上上传了许多精美的信息图。Visual. ly 在活跃的社交用户中非常流行，他们常常用 Visual. ly 自动生成自己的社交网络信息图。

12. InstantAtlas

InstantAtlas 是能够生成可视化地图报告的 SaaS（Software as a Service，软件即服务），同时提供专业的技术支持。它使信息分析师和研究人员能够创建动态的交互式地图报告，将统计数据和地图结合起来。

13. Gephi

如果想将关系网络数据可视化，则必须选择专门的数据可视化工具来生成关系网络图中复杂的节点和叶子。Gephi 是一款著名的开源可视化软件，可以处理关系数据并制作关系网络图。例如，在微博等社交媒体上，谁关注谁；在选举中，谁为谁投票；在企业中，谁与谁是上下级关系。

. 14. Wolfram Alpha

数学图形在教育中的应用广泛，教师和学生都经常使用数学图形来快速生成函数图形。Wolfram Alpha 被称为计算知识引擎，可以自动进行动态计算并返回可视化图形。Wolfram Alpha 基于 Mathematica，其底层的数据处理是由 Mathematica 完成的，而 Mathematica 支持几何、数值和符号计算，具有强大的图形可视化功能。因此，Wolfram Alpha 可以解答各种各样的数学问题，并向用户提供清晰美观的图形和答案。用户还可以升级到 Wolfram Alpha Pro，Wolfram Alpha Pro 支持上传数据和对图片进行分析。

15. ECharts

ECharts 最初是"Enterprise Charts"（企业图表）的简称，来自百度 EFE（Excellent FrontEnd）数据可视化团队，是用 JavaScript 实现的开源可视化库。ECharts 的功能非常强大，对移动端进行了细致的优化，适配微信小程序，支持多种渲染方式和千万条数据的前端展现，甚至实现了无障碍访问，对残障人士友好。

16. D3. js

D3. js 是一个用于数据可视化的开源 JavaScript 函数库，被认为是很好的 JavaScript 可视化框架之一。用户刚开始使用 D3. js 时会感到很复杂，但是 D3. js 的功能强大，非常灵活，值得用户深入学习研究。需要注意的是，D3. js 无法在较低版本的 IE 浏览器中正常显示图形。

17. Plotly

Plotly 是一个知名的、功能强大的数据可视化框架，可以构建交互式图形和创建丰富多样的图表和地图。Plotly 可以提供比较少见的图表，如等高线图、烛台图（K 线图）和 3D 图表，而大多数工具都没有这些图表。此外，Plotly 的团队还维护着增长飞快的 R、Python 及 JavaScript 的开源可视化库。

18. Chart. js

Chart. js 是一个开源的 JavaScript 函数库，它为设计人员和开发人员提供了 8 个可定制的动态可视化展现方式，使用 HTML5 Canvas 高效地绘制响应式图表。Chart. js 支持混合不同的图表类型并绘制日期和比例，甚至自定义数据范围。Chart. js 还具有丰富的动画效果，可以用于改变数据或更新颜色。

19. Google Charts

Google 也开发了自己的 JavaScript 图表函数库 Google Charts。Google Charts 不仅免费提供给开发人员使用，而且有完全免费的 3 年的向后兼容性保证。开发者可以从各种图表模板中进行选择以创建交互式图表，之后只需要将简单的 JavaScript 嵌入页面就可以在网页上展示这些图表。

20. Chartist. js

Chartist. js 是由一群对其他图表函数库感到失望的开发者们共同制作的函数库。Chartist. js 是开源的，且非常灵活，开发者可以用它来创建复杂的响应式图表。Chartist. js 的配置简单，代码简洁，还支持自定义 SASS 架构。

21. Highcharts

Highcharts 是一个用 JavaScript 编写的开源 JavaScript 函数库，开发人员可以利用 Highcharts 轻松地将交互式图表添加到网站或应用程序中。Highcharts 可以免费用于个人学习、个人网站和非商业领域。此外，Highcharts 的兼容性比 D3.js 更好。Highcharts 在现代浏览器中使用矢量图来绘制图形，在低版本的 IE 浏览器中使用 VML(Vector Markup Language，矢量可标记语言)来绘制图形，所以它可以在所有移动设备和计算机浏览器上使用。不过如果开发者想在商业网站、政府网站、企业内网或项目上运行 Highcharts，则需要购买许可证，同时获得 Highcharts 的技术支持。

22. FusionCharts

FusionCharts 是一个强大的 JavaScript 函数库，是许多知名企业的选择，需要收费，不过 FusionCharts 也提供了免费版本 FusionCharts Free。FusionCharts 可以集成各种框架，整合已有数据创建商用仪表盘，还提供技术支持服务。

23. ZingChart

ZingChart 是用 JavaScript 实现的付费函数库，作为 SaaS 提供给企业用户。ZingChart 提供的大数据图表可在 1 秒内呈现 10 万个数据点，支持根据任何设备大小缩放的响应式和交互式图表。个人用户可以使用 ZingChart 的免费版本，但导出的图表上会有水印。

24. Leaflet

Leaflet 是一个开源 JavaScript 函数库，可以制作适配移动端的交互式地图。Leaflet 不仅设计简单，使用方便，而且功能齐全，可以实现的效果和功能不输给其他的数据可视化工具。Leaflet 适用于大多数 PC(Personal Computer，个人计算机)和移动端，并且可以通过大量的插件进行扩展。

25. OpenLayers

OpenLayers 是用于创建交互式网页地图的开源 JavaScript 函数库，支持绝大多数的浏览器，不需要特殊的服务器端软件或任何配置，也不需要下载任何东西，就可以直接使用。OpenLayers 作为业界使用广泛的地图引擎之一，已经被大部分 GIS(Geographic Information System，地理信息系统)供应商和大多数 GIS 开发人员采用。

26. Kartograph

Kartograph 是一个简单的轻量级框架，可以用于构建交互式的虚拟地图，可以满足设计师和数据工作者的需求。Kartograph 实际上是两个函数库：Kartograph.py 是一个强大的 Python 库，可以生成精美的 SVG(Scalable Vector Graphics，可缩放矢量图形)地图；Kartograph.js 是 JavaScript 库，可以帮助开发者在网页上呈现交互式地图。

27. CARTO

CARTO(之前称为 CartoDB)是一个开源、强大的平台，可以自动发现和分析地理位置数据。使用 CARTO，用户可以上传地理位置数据，并把这些数据可视化为数据集或交互式地图。CARTO 还可以安装在用户自己的服务器上，并为企业提供付费托管服务和软件。

28. Sigma.js

Gephi 是一款将关系数据可视化的软件，但我们并不能把 Gephi 生成的图表直接展示在网页上。如果想在网页上展示关系网络的图表，则可以使用 Sigma.js。Sigma.js 是一个交互式可视化 JavaScript 函数库，专门用于制作关系网络图。Sigma.js 可以在网页上显示社交关系脉络，在大数据社交网络可视化中非常重要。Sigma.js 还支持展示从 Gephi 导出的图表，用户可以使用 Sigma.js 将这些图表直接展示在网页上。

29. Dygraphs

如果想要在网页上呈现实时金融数据(如股票 K 线图)，开发人员需要支持时间序列和密集型数据的特殊图表库。Dygraphs 是一个灵活的开源 JavaScript 图表函数库，主要用于金融图表。Dygraphs 可以让人更好地探索和理解密集型数据，它生成的交互式时间序列图表支持鼠标悬停显示内容、缩放和平移，还支持实时数据更新和时间范围选择。

30. 百度图说

百度图说和 ECharts 都是百度 ECharts 团队研发的产品，在不懂编程或是为了快速完成图表制作的情况下，都可以通过百度图说这一工具实现零编程快速制作图表。百度图说最大的优点为零编程，所见即所得。

6.2 数据可视化工具 Tableau

6.2.1 下载和安装

Tableau 是当前流行的 BI 分析软件之一，它的可视化及数据分析能力非常强，而且操作简单，适合作为非 IT(Information Technology，信息技术)岗位的主力数据工具。在 2022 年 Gartner BI 最新排名中，Tableau 仅次于微软的 Power BI，排名第二。由于 Power BI 指标计算需要依靠自己梳理复杂的逻辑，所以学习成本会高于 Tableau。

Tableau 有一个产品家族，其中，Tableau Desktop 是桌面 BI 软件，也就是我们常说的 Tableau；Tableau Prep Builder 是数据预处理软件，能对数据源进行清洗并接入 Desktop；Tableau Server 是在线共享中心，可以提供线上自助式分析。本节以 Tableau Desktop 版本为例，详细介绍 Tableau 的下载和安装步骤。

进入 Tableau 官网下载安装包，如图 6-2 所示。

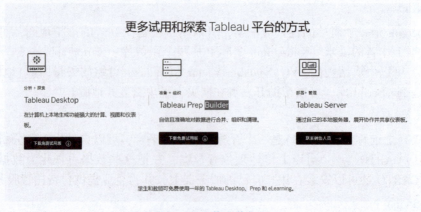

图 6-2 下载安装包

使用 Tableau Desktop 的第一步是下载并安装，其作为商业软件，用户需要购买 Tableau 的产品秘钥，这样才能激活软件。当然用户也可以试用 14 天，再考虑是否购买。对于学生和教师，可以申请免费使用一年。

安装完成并连接数据后，Tableau Desktop 的主工作区的界面如图 6-3 所示。各区域的说明如下。

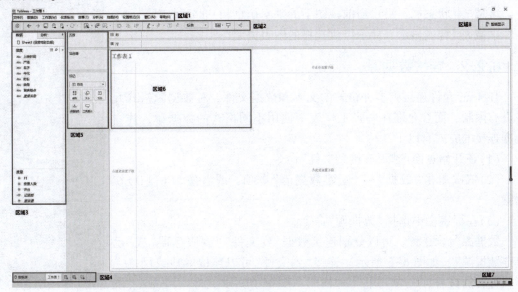

图 6-3　Tableau Desktop 的主工作区的界面

区域 1：菜单栏，包含 Tableau 的所有功能。

区域 2：工具栏，包含常用的功能，如撤销、重做和保存等。

区域 3：边条区，包括"数据"和"分析"两个选项卡。其中，"数据"选项卡用于显示数据源、维度字段和度量字段等；"分析"选项卡用于为图表添加分析信息，如汇总、模型和自定义等，如图 6-4 所示。

默认情况下，Tableau 将离散或分类的字段视为维度，维度通常会产生标题；将包含数字的字段视为度量，度量通常会产生轴。度量和维度也不是固定的，用户可以根据需要，将维度转换为度量。

区域 4：标签栏，包括"数据源"、已经创建好的"工作表""仪表板"和"故事"，以及"新建工作表""新建仪表板"和"新建故事"按钮。

区域 5：卡区，可以将数据拖放到该区域，并通过"页面""筛选器"和"标记"卡对图表进行设置。

"页面"卡会帮助用户创建一组页面，每个页面上都有不同的视图，通过切换或自动播放模式，可以显示不同的视图。"筛选器"卡可以指定要包含和排除的数据。"标记"卡是进行数据分

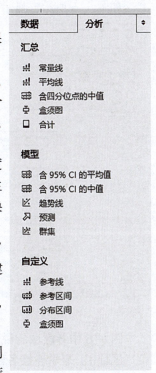

图 6-4　"分析"选项卡

析工作的重要功能。将字段拖到"标记"卡中的不同属性时，用户可以将上、下文和详细信息添加至视图中的标记。使用"标记"卡设置标记类型，可以使用颜色、大小、形状、文本和详细信息对数据进行编码。

区域6：画布区，也称为可视化图表区，显示"行""列"功能区，以及卡区设置后的可视化图表。

区域7：状态栏，显示当前视图下的基本信息和一些可选项。

区域8：智能显示，显示可供选择的图表类型。

6.2.2 连接数据源

Tableau 允许连接到多种格式的文本和数据文件，对数据源格式几乎没有限制，而且允许在一张工作表中使用不同格式的数据源。建立数据连接的方式有以下 3 种。

(1)在开始页面选择"连接到文件"命令。

(2)依次单击"数据"→"新建数据源"选项，或者按〈Ctrl+D〉快捷键。

(3)在标签栏中选择"数据源"命令。

数据源包含 3 种，可以分别连接数据"到文件""到服务器"或"已保存数据源"，如图 6-5 所示。连接"到文件"可以连接本地或网络上不同种类的文件，包含以下几种格式：Excel、文本文件、Access、统计文件及其他类型文件等。

图 6-5　连接数据源

如图 6-6 所示，显示连接到文件"豆瓣电影数据 . xlsx"。

图 6-6　连接到文件"豆瓣电影数据 . xlsx"

图 6-6 中各区域的说明如下。

区域1：显示连接名称，可以编辑连接、重命名，也可以添加新的数据源。

区域2：显示当前工作簿中包含的工作表。

区域 3：连接区，显示已用工作表的连接状态。连接到多个关系数据或基于文件的数据时，可以将一张或多张表拖到该区域并设置数据源。连接的方式包括内部连接、左侧连接、右侧连接和完全外部连接 4 种。关于这 4 种连接方式的说明如下。

（1）内部连接是只有当两张表的连接字段完全相同时才生成连接记录。

（2）左侧连接是将左侧表（主数据源）中的所有数据与右侧表（次要数据源）中的数据进行匹配，当主数据源的特定成员不存在匹配项时，次要数据源的连接结果将为空值（NULL）。

（3）右侧连接是将右侧表（次要数据源）中的所有数据与左侧表（主数据源）中的数据进行匹配，当次要数据源的特定成员不存在匹配项时，主数据源的连接结果将为空值（NULL）。

（4）完全外部连接显示左、右两张表中的所有行。如果某张表中没有匹配的行，则另一张表的选择列表包含空值（NULL）；如果有，则显示全部数据。

区域 4：设置连接数据的方式，如"实时"或"数据提取"，连接本地数据多选择"实时"方式，而"数据提取"是提高性能经常使用的一种方式，并可以对数据进行脱机访问。

区域 5：数据筛选器，单击"筛选器"按钮可以添加筛选器，实现有条件的选择数据。

区域 6：数据预览区，"预览数据源"按钮（▦）用于显示字段、记录；"管理元数据"按钮（▤）用于以行方式显示数据源中的字段，方便用户快速检查数据源的结构并执行日常管理任务，如重命名字段或一次性隐藏多个字段等；还可以设置排序方式、是否显示别名、是否显示隐藏字段等。Tableau 支持的数据类型包括文本、日期、日期和时间、数字、布尔和地理共 6 种数据类型。

区域 7：标签栏，包括数据源、工作表（也称为视图）、仪表板和故事。仪表板是多个工作表的集合，故事是多个仪表板的集合。

"到服务器"表示连接数据库中的数据或驻留在服务器上的服务，需要输入服务器名称和账号信息等登录到服务器，然后可以选择服务器的某个数据库中的一张或多张数据表。选择 Microsoft SQL Server 数据库管理信息系统，服务器名称输入 127.0.0.1（本地服务器的 IP 地址），并采用默认的数据库登录认证信息，即可连接到数据库服务器，如图 6-7 所示。若选择 msdb 数据库，则可以将 msdb 数据库中的一张或多张数据表拖到连接区，然后进行数据分析及可视化的操作。

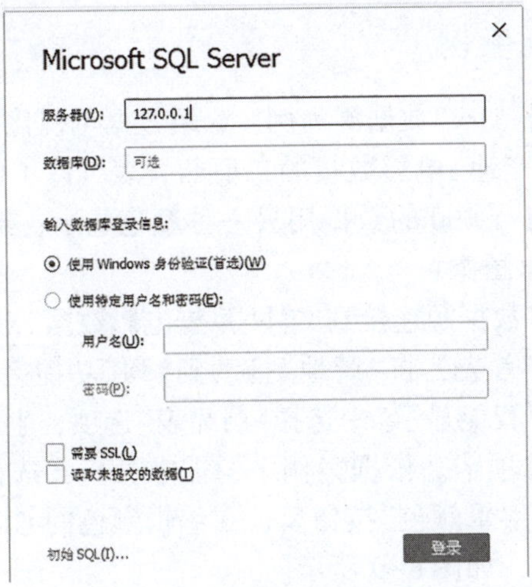

图 6-7　登录数据库服务器

"已保存数据源"表示快速打开之前保存到"我的 Tableau 存储库"目录的 .tds 格式的数据源。默认情况下，正常安装 Tableau 后系统会提供一些已经保存的数据源，如"示例-超市"等。

在 Tableau 主工作区界面边条区的"数据"选项卡中，右击已经连接的数据，在打开的快捷菜单中选择"添加到已保存的数据源"选项，如图 6-8 所示，即可将当前数据源保存，再次打开 Tableau 时，该数据源会出现在"已保存数据源"中。

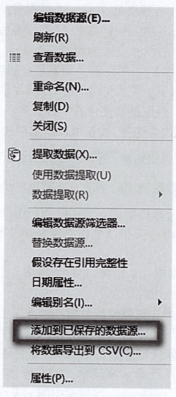

图 6-8　保存当前数据源

6.2.3　数据可视化案例

下面以"豆瓣电影数据 .xlsx"数据源为例，介绍数据可视化案例。

案例 1： 制作各国家（产地）电影数量的二值凸显表，以 1 000 为分界，超过 1 000 的数据用一种颜色显示，低于 1 000 的数据用另一种颜色显示，给出大于 1 000 部的电影大国的名称，添加说明并导出图像。

步骤 1：连接数据。将数据源连接到文件"豆瓣电影数据 .xlsx"。

步骤 2：制作凸显表。首先，将"产地"拖动到"列"功能区，然后，将"记录数"拖动到"行"功能区，最后，在"智能显示"中选择"凸显表"选项，生成凸显表。

步骤 3：编辑"颜色"选项卡。依据案例中的需求分析，选择"标记"卡中的"颜色"选项进行编辑。方法是单击"编辑颜色"按钮后，在编辑颜色的 GUI（Graphical User Interface，图形用户界面）中进行设计，如图 6-9 所示。

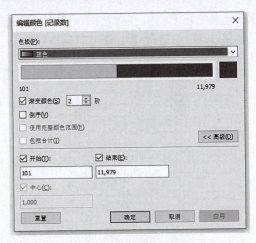

图 6-9　编辑颜色的 GUI

步骤 4：编辑标题。先双击默认标题"工作表 1"，进入"编辑标题"对话框，然后进行标题的编辑，将工作表命名为"各国电影数量的二值凸显表"，字号设置为 15，字体设置为宋体，设置居中对齐等，如图 6-10 和图 6-11 所示。

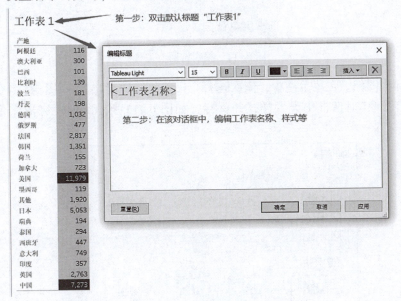

图 6-10　编辑标题 GUI

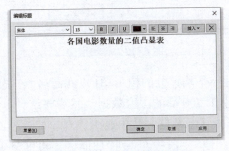

图 6-11　命名标题 GUI

步骤5：编辑说明。在画布区域右击，在弹出的快捷菜单中选择"说明"选项，如图6-12所示，然后在弹出的"编辑说明"对话框中设置说明信息。

图6-12　编辑说明

步骤6：导出图像。在菜单栏中，依次选择"工作表"→"导出"→"图像"命令，然后在弹出的"导出图像"对话框中设置样式并保存，如图6-13所示，即可完成图像的导出任务。

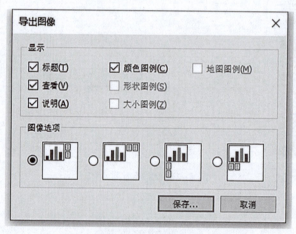

图6-13　导出图像

案例2： 制作电影产地与平均评分的树形图（以此命名），显示出平均评分标签，通过动态筛选器剔除电影数量小于200部的国家数据，然后将统计分析后的数据导出到Excel。（注：树形图用嵌套的矩形来显示数据，数值越大，对应的矩形面积越大。）

步骤1：将维度中的"产地"字段拖至"列"功能区，将度量中的"评分"字段拖至"行"功能区。

步骤 2：单击"行"功能区的"总计（评分）"右侧的下拉按钮，将"度量（总计）"修改为"平均值"（度量（平均值）），如图 6-14 所示。

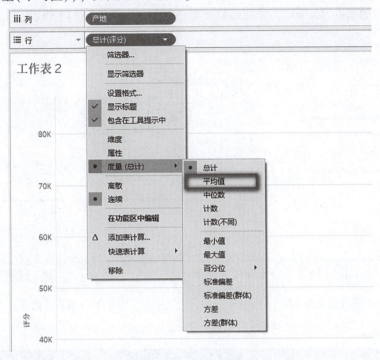

图 6-14　修改度量

步骤 3：在"智能显示"中选择树形图，并将度量中的"评分"字段拖至"标记"卡中的"标签"中，然后将"总计（评分）"修改为"平均值（评分）"，如图 6-15 所示。

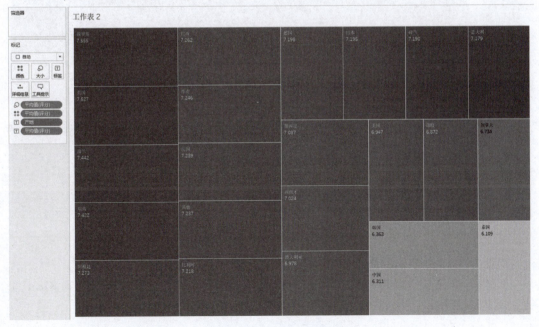

图 6-15　选择树形图

步骤 4：将度量中的"记录数"拖至"筛选器"卡，在弹出的"筛选器字段 [记录数]"对话框中设置按照"计数"筛选，如图 6-16 所示，并依据需求分析完成"筛选器 [记录数 计数]"的设置，如图 6-17 所示，完成后自动生成树形图，如图 6-18 所示。

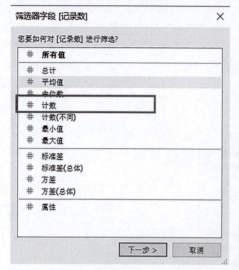

图 6-16　设置筛选器字段

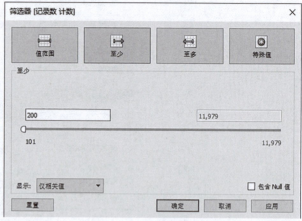

图 6-17　设置计数值

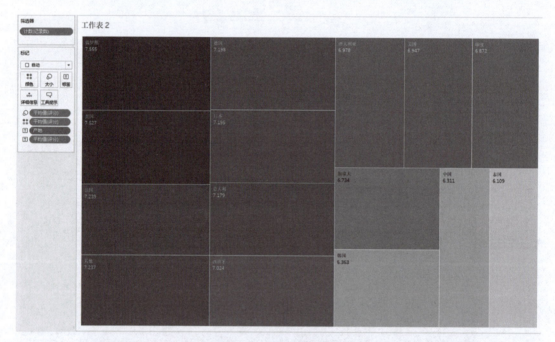

图 6-18　最终的树形图

步骤 5：将工作表名称修改为"电影产地与平均评分的树形图"。

步骤 6：导出数据到 Excel。方法是依次选择"工作表"→"导出"→"交叉表到 Excel"命令，如图 6-19 所示，生成的 Excel 数据源如图 6-20 所示。

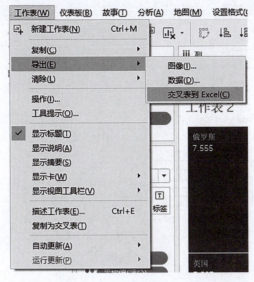

	A	B
1	产地	
2	奥大利亚	6.978
3	德国	7.198
4	俄罗斯	7.555
5	法国	7.239
6	韩国	6.363
7	加拿大	6.734
8	美国	6.947
9	其他	7.237
10	日本	7.195
11	泰国	6.109
12	西班牙	7.024
13	意大利	7.179
14	印度	6.872
15	英国	7.527
16	中国	6.311

图 6-19　导出数据到 Excel　　　　　图 6-20　生成的 Excel 数据源

案例 3：制作不同类型电影数量的气泡图（以此命名），以不同颜色表示不同的电影类型，以气泡大小表示电影数量。（注：气泡图将数据点表示为圆形，数值越大，圆形面积越大。）

步骤 1：将"类型"字段和"记录数"字段分别拖至"行"和"列"功能区。

步骤 2：单击工具栏中的"智能显示"按钮，图表类型选择气泡图。

步骤 3：将"类型"字段拖至"标记"卡中的"颜色"中，生成图例，如图 6-21 所示。

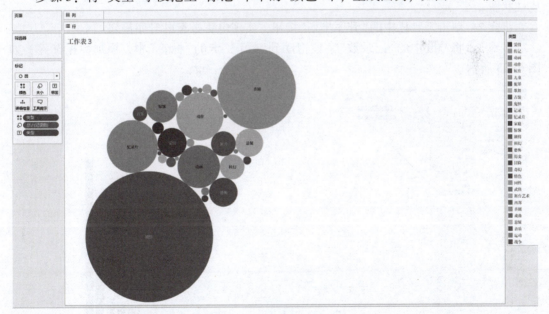

图 6-21　电影类型气泡图

步骤 4：将工作表名称修改为"不同类型电影数量的气泡图"。

在上述气泡图的基础上，可以进一步实现文字云。文字云类似于气泡图，但用文字代替气泡，它是将数据点表示为文字，数值越大，文字越大。实现的方法是将"标记"卡中的选项更改为"文本"，如图 6-22 所示。

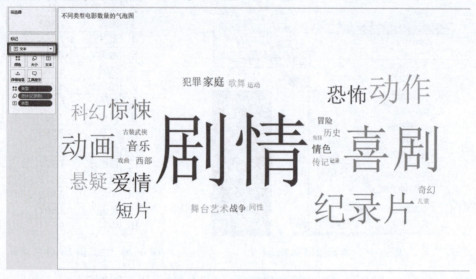

图 6-22　电影类型文字云

案例 4：绘制不同电影类型数量的柱状图，按照电影数量升序排列，并显示电影数量的数据标签。（注：柱状图可以用来在不同类别之间比较数据，为垂直方向展示，若为水平方向展示，则为条形图。）

步骤 1：将"类型"字段和"记录数"字段分别拖至"列"功能区和"行"功能区，自动生成柱状图。

步骤 2：单击工具栏中的"升序排列"按钮，实现电影数量的升序排列。

步骤 3：将维度中的"记录数"字段拖动到"标记"卡的"标签"中，添加数据标签，如图 6-23 所示。

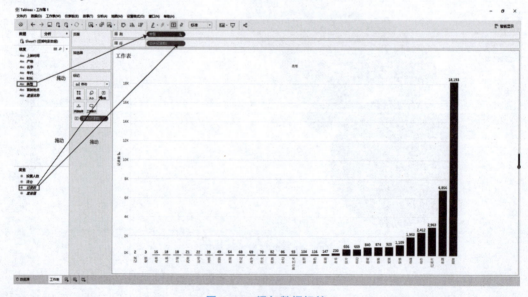

图 6-23　添加数据标签

步骤 4：单击工具栏中的"交换行和列"按钮，也可以展示条形图，如图 6-24 所示。

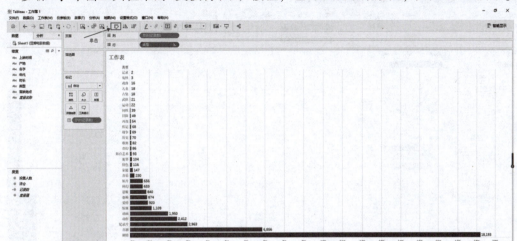

图 6-24　展示条形图

在上述案例 4 中绘制不同电影类型数量的柱状图的基础上，若要进一步绘制各国 Top3（排名前 3）电影类型的堆叠条形图，则需要进行以下操作：将"类型"字段拖至"筛选器"卡，在弹出的"筛选器[类型]"对话框中进行设置，如图 6-25 所示；然后，将"类型"和"记录数"字段拖至"标记"卡中的"标签"中，则生成图 6-26 所示的堆叠条形图。

图 6-25　"筛选器[类型]"对话框

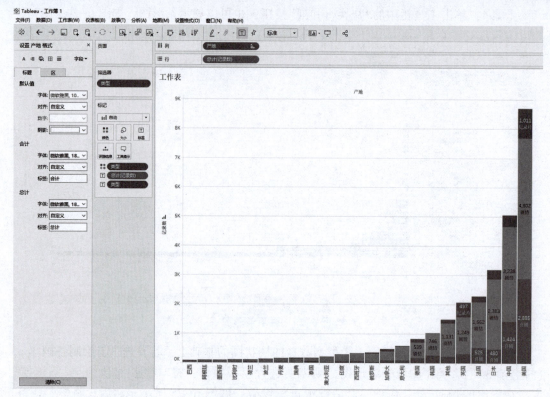

图 6-26 堆叠条形图

在上述绘制的各国 Top3 电影类型的堆叠条形图的基础上，若在"智能显示"中选择"并条图"选项，则生成图 6-27 所示的并条图。若将"产地"与"类型"字段对调，则生成图 6-28 所示的并条图。不同的并条图，比较的侧重点不同，可以依据需求自行选择。

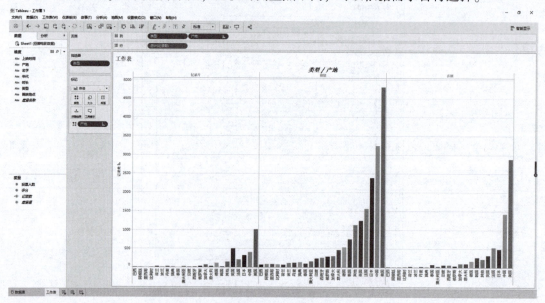

图 6-27 并条图

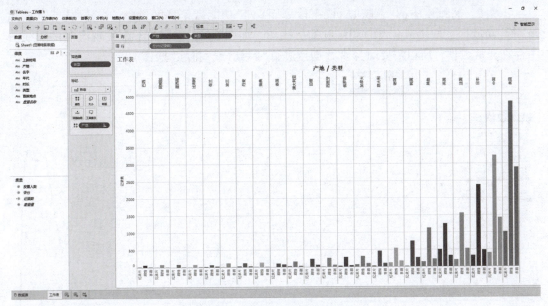

图 6-28　对调字段后的并条图

案例 5：绘制不同上映时间电影数量的折线图，显示电影数量的数据标签，并预测未来 4 年的电影数量。（注：折线图是将同系列的数据点用线条连接起来，用折线的起伏变化表示数据的增加或减少情况。）

步骤 1：由于数据源中的"上映时间"字段的数据类型是字符类型，不能直接用于绘制含有时间维度的折线图，所以需要做关于"上映时间"字段数据类型的转换工作，将字符类型转换为日期类型，具体操作步骤如图 6-29 所示。操作完成后，"上映时间"字段的数据类型由字符串转换为日期类型，数据类型的图标由 Abc 变为 📅。

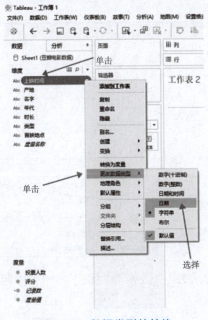

图 6-29　数据类型的转换

步骤2：将维度中的"上映时间"字段拖至"列"功能区，将度量中的"记录数"字段拖至"行"功能区，则生成包含时间维度的折线图，如图6-30所示。不难发现绘制的折线图中存在异常数据，所以需要对异常数据点进行"隐藏"或"排除"操作。

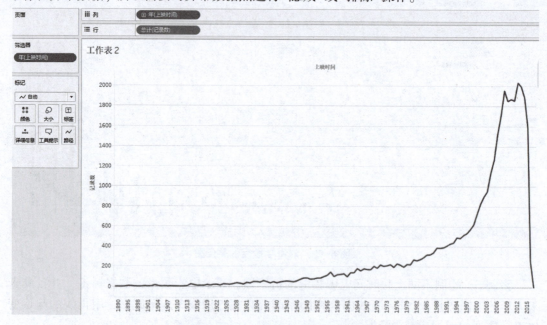

图6-30　包含时间维度的折线图

步骤3：依次选择菜单栏中的"分析"→"预测"→"显示预测"命令，生成预测数据图，如图6-31所示。图中实线部分是实际值，带阴影部分是预测值。

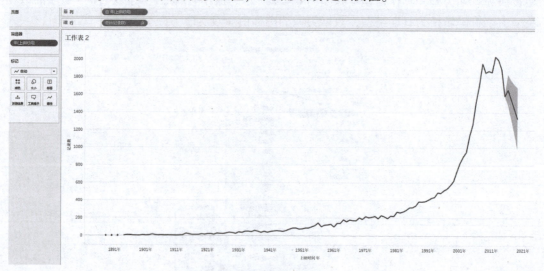

图6-31　预测数据图

步骤4：将度量中的"记录数"字段拖至"标记"卡中的"标签"中，实现电影数量标签化，如图6-32所示。

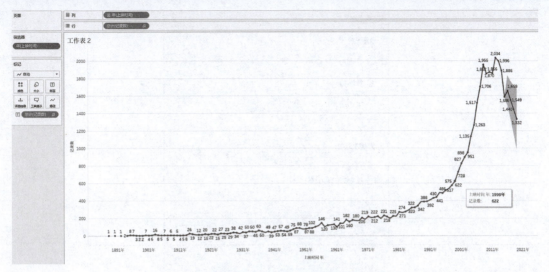

图 6-32　添加数据标签

经过上述几个步骤，依据案例 5 的需求分析完成了案例 5。此时，若单击工具栏中的"智能显示"按钮并选择"面积图"选项，则得到图 6-33 所示的面积图。（注：面积图实际上是一种折线图，其中线和轴之间的区域用颜色标记为阴影。面积图也可以直观反映数值的变化趋势。）

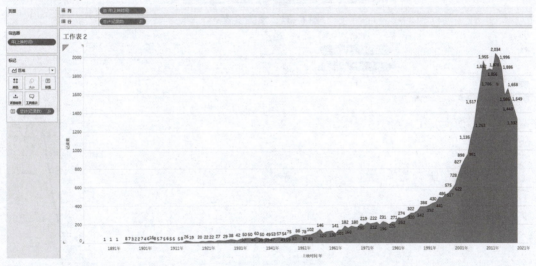

图 6-33　面积图

关于预测分析再作以下说明。

（1）预测设置。依次选择菜单栏中的"分析"→"预测"→"预测设置"命令，这里需要对"预测长度"和"显示预测区间"分别进行设置，如图 6-34 所示。"预测长度"参数设置为 4，在右侧下拉列表框中选择"年"选项。"源数据"中忽略最后 1 年进行预测，也就是忽略 2016 年，那么将用 2016 年之前的数据进行预测。"显示预测区间"默认是勾选状态，如果取消勾选"显示预测区间"复选框，那么图中将不会出现阴影区域，如图 6-35 所示。

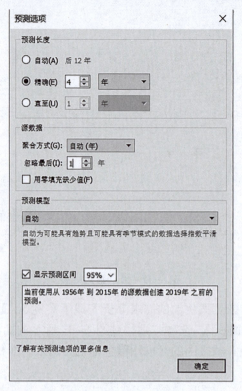

图 6-34　预测设置

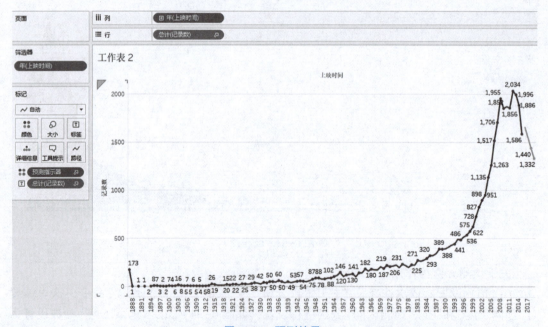

图 6-35　预测结果

（2）描述预测。依次选择菜单栏中的"分析"→"预测"→"预测描述"命令，进入"描述预测"对话框的"摘要"选项卡，如图 6-36 所示。"模型"选项卡则如图 6-37 所示，可以得知采用指数平滑法计算的所有预测值。

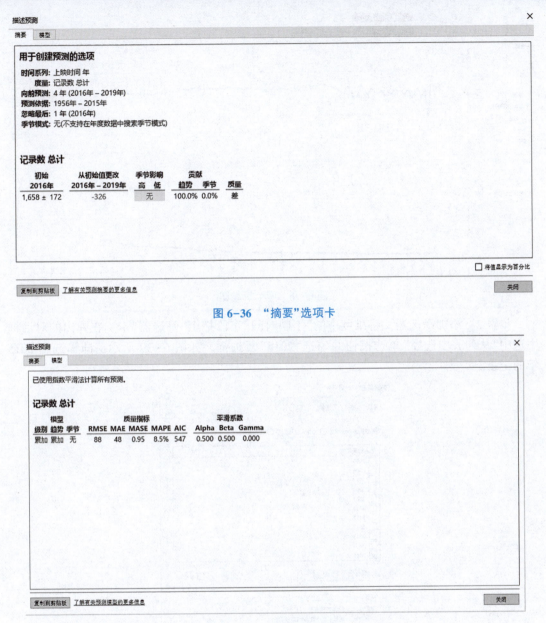

图 6-36 "摘要"选项卡

图 6-37 "模型"选项卡

案例 6：绘制 2015 年上映电影数量与电影影评平均分之间的对比双轴图。（注：双轴图也称为组合图，比较适用于多个维度同时绘制在一个图形中的情况。将量级差距很大的指标放在同一个坐标轴，会对数据较小的指标产生影响，用户基本观察不到较小的那一组数据。因此，可以采用组合图将量级不同的指标分别对应两个不同的坐标轴进行展示。）

步骤 1：将维度中的"上映时间"字段拖至"列"功能区，将度量中的"评分"和"记录数"两个字段拖至"行"功能区，并将"评分"度量设置为"平均值"，则会生成两个折线图，如图 6-38 所示。

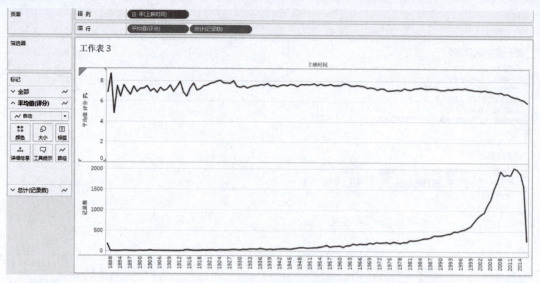

图 6-38　两个折线图

步骤 2：添加筛选器。将维度中的"上映时间"字段拖至"筛选器"卡，在弹出的对话框中选中"从列表中选择"单选按钮并勾选"2015"复选框，如图 6-39 所示，即筛选出 2015 年的记录。

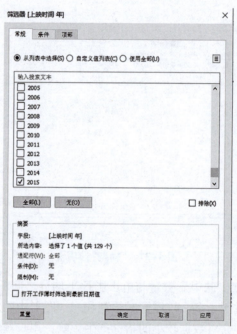

图 6-39　添加筛选器

步骤 3：单击图 6-40 所示的"列"功能区中"年(上映时间)"左侧的"+"按钮，生成"季度(上映时间)"，继续单击"季度(上映时间)"左侧的"+"按钮，得到"月(上映时间)"，进而生成按照季度、月进行统计分析的折线图，即图 6-41 所示的离散型折线图。然后，单击工具栏中的"智能显示"按钮，选择"连续型折线图"选项，结果如图 6-42 所示。

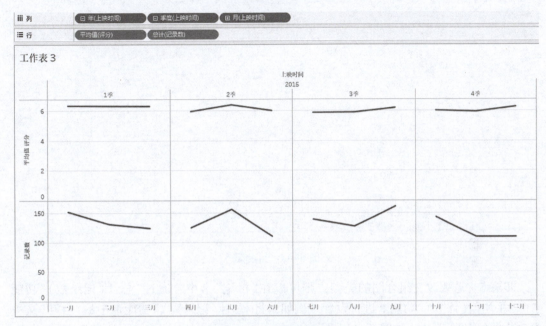

图 6-40　列功能区

图 6-41　离散型折线图

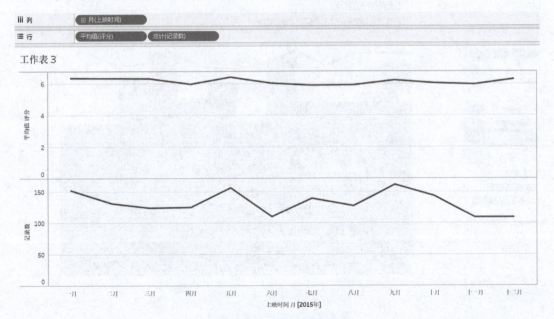

图 6-42　连续型折线图

步骤 4：单击"行"功能区的"总计（记录数）"右侧的下拉按钮，在弹出的下拉菜单中单击"双轴"选项，将两个图表合在一起，并右击标题"工作表 3"，在弹出的快捷菜单中选择"隐藏标题"命令，生成图 6-43 所示的组合图。

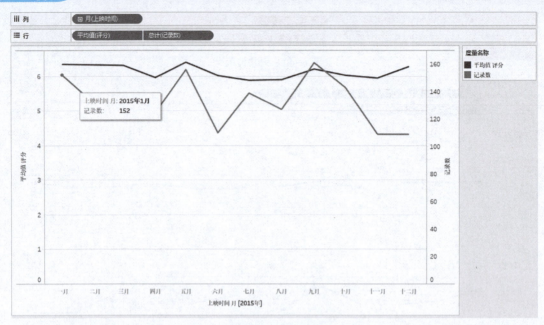

图 6-43　组合图

步骤 5：若要改变组合图的类型，则可以在"标记"卡中，通过"总计（记录数）"功能卡和"平均值（评分）"功能卡进行设置。例如，将"总计（记录数）"功能卡中的"自动"选项更改为"条形图"选项，如图 6-44 所示。

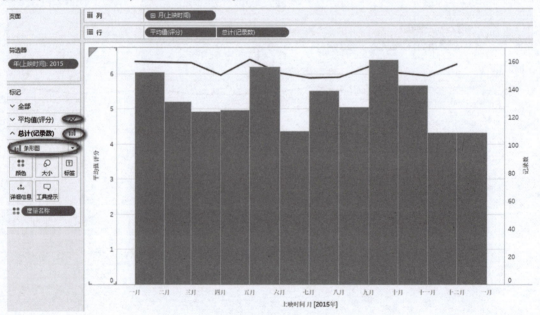

图 6-44　改变组合图的类型

案例 7：生成不同电影类型的饼图，饼图上显示电影类型的名字及数量占比。（注：饼图可以显示不同组成部分相对于整体的比例。）

步骤 1：将维度中的"类型"字段和度量中的"记录数"字段分别拖至"行""列"功能区，

然后单击工具栏中的"智能显示"按钮，选择"饼图"选项，然后在工具栏的"适合选择器"下拉列表框中选择"整个视图"选项，生成的图表如图 6-45 所示。

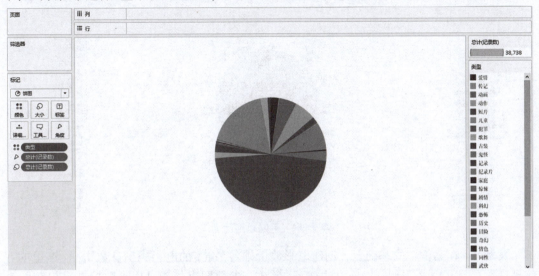

图 6-45　基础饼图

步骤 2：将"类型"字段和"记录数"字段拖至"标记"卡中的"标签"中，如图 6-46 所示。

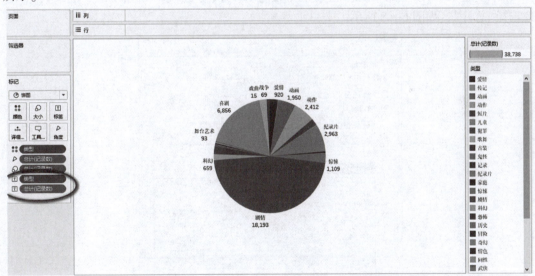

图 6-46　添加"类型"和"记录数"数据标签的饼图

步骤 3：依次选择"标记"卡中"标签"中的"总计(记录数)"→"快速表计算"→"总额百分比"命令，可生成不同电影类型数量的百分占比饼图，如图 6-47 所示。

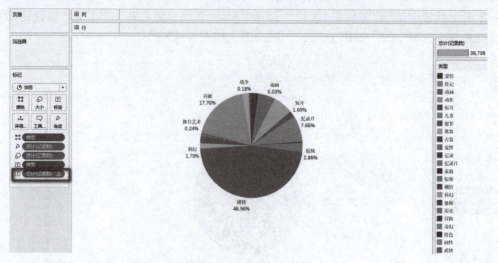

图 6-47　百分占比饼图

案例 8：在案例 7 的基础上，创建电影数量排名 Top$N$ 的电影类型参数饼图（这里的 N 就是参数），以 $N=3$ 为例，操作方法如下。（注：参数图表指的是用参数控件来控制图表的变化。）

步骤 1：选中"类型"字段，右击，在弹出的快捷菜单中选择"创建"→"集"命令，在弹出的"创建集"对话框的"顶部"选项卡中设置 N 的值为 3、计算的依据为"记录数"，参数选择"总计"，如图 6-48 所示。

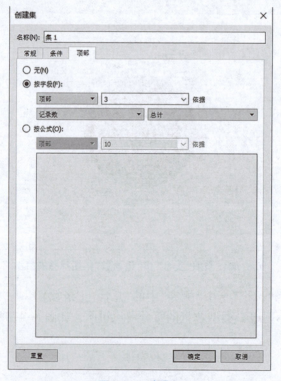

图 6-48　步骤 1

步骤2：将边条区"数据"选项卡下方新建的"集1"集拖到"标记"卡的"颜色"中，此时在"标记"卡中生成"内/外(集1)"。这里的"内"代表集合之内，指的是Top3的电影类型，"外"代表集合之外，指的是不是Top3的电影类型，如图6-49所示。

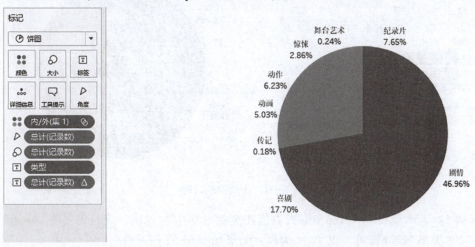

图6-49　步骤2

步骤3：调整参数绘制新饼图。右击左下角的"集1"集，在弹出的快捷菜单中选择"编辑集"选项，然后在图6-48所示的"创建集"对话框中，在"顶部"参数所在的下拉列表框中选择"创建新参数"选项。在弹出的"创建参数"对话框中，设置"名称""当前值""最小值"和"最大值"(这里考虑数据源中的"电影类型"一共有8种，所以最大值输入8)，最后单击"确定"按钮，完成参数创建，如图6-50所示。

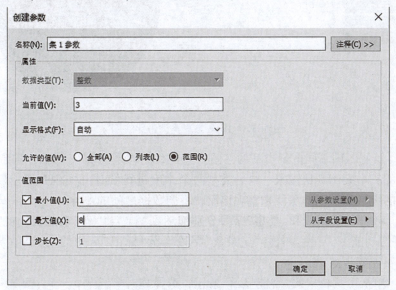

图6-50　"创建参数"对话框

步骤4：编辑工作表界面左下方新建的"参数|集1参数"，重新设定TopN的N值，即可实现自适应的饼图。例如，N=4，可以生成图6-51所示的饼图。

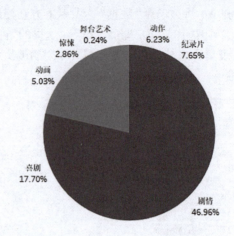

图 6-51　自适应的饼图

步骤 5：若希望仅统计 Top*N* 电影类型在全部电影中的占比，则只需要将"标记"卡中"标签"的"类型"删除即可，以 Top4 为例，结果如图 6-52 所示。

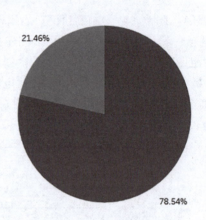

图 6-52　Top4 电影类型占比饼图

案例 9：绘制各国不同电影类型的热图。上述案例均是围绕一个维度进行统计分析并实现可视化的，本案例则从国家、电影类型两个维度进行统计并实现热图。（注：热图可以通过方块的大小和颜色的深浅来直观地反映不同数据之间的差异。）

步骤 1：将"产地"字段和"类型"字段分别拖动到"行"和"列"功能区，将"记录数"拖至"行"或"列"功能区。（注：若将"记录数"字段拖至"标记"卡中的"大小"中，则会自动生成热图，不需要步骤 2。）

步骤 2：单击工具栏中的"智能显示"按钮，选择"热图"选项。

步骤 3：将"记录数"字段拖至"标记"卡中的"大小"中，添加"记录数"字段后的热图如图 6-53 所示。

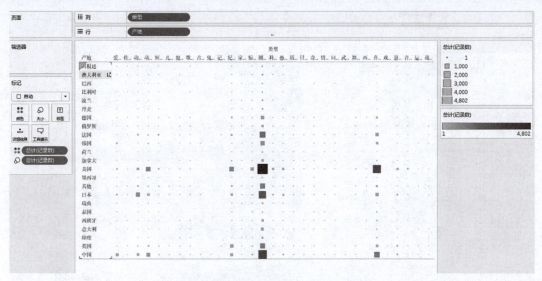

图 6-53　添加"记录数"字段后的热图

　　在上述案例 9 绘制的热图的基础上，若要显示具体国家具体电影类型的记录数，则可以单击工具栏中的"智能显示"按钮，选择"文本表"选项查看效果，如图 6-54 所示。（注：文本表又称交叉表或数据透视表，通常通过在"行"功能区上放置一个维度，在"列"功能区上放置另一个维度，然后将一个或多个度量拖到"标记"卡中的"文本"中来完成视图。）

产地	爱情	传记	动画	动作	短片	儿童	犯罪	歌舞	古装	鬼怪	记录	纪录片	家庭	惊悚	剧情	科幻	恐怖
阿根廷	1	1	6		2			1				5		4	85	1	
澳大利亚	2	1	9	18	7		1					21	3	17	160	10	5
巴西			2	2	4							11	1	2	68		2
比利时	2	1	14	2	10			1				11		2	77		2
波兰	4		22	2	11							9	1	2	114	4	
丹麦	1		5	5	6							22	5	6	118		3
德国	10	2	32	27	30		1	2	1			112	13	23	539	11	24
俄罗斯	8	4	48	31	8		2	1				29	3	1	284	3	
法国	38	6	149	64	115		6	3			1	201	8	32	1,562	22	30
韩国	106		11	71	11		4	1	1			15	2	44	746	3	22
荷兰	4		8	3	6							20	3	4	70	1	5
加拿大	5		51	49	22		2	1				69	6	27	305	29	26
美国	139	13	308	969	131	1	10	35				1,011	41	531	4,802	301	274
墨西哥	2		3	1	3			1				3	2		86	1	1
其他	34	2	106	55	68		1	7	3			142	13	42	1,131	18	29
日本	127	4	741	296	37	2	14	2	8			320	9	70	2,383	157	197
瑞典	1		7	4	6							18	2	1	133	2	4
泰国	29		2	20	4							1		28	97		25
西班牙	6	3	14	5	12		1	3				12	1	23	257	12	12
意大利	9	7	4	10	7			2	2			28	1	18	457	5	39
印度	9		2	32			2		2			4	1	8	232	1	2
英国	35	8	75	105	56		1	8	7		1	497	14	74	1,249	48	39
中国	348	16	331	641	46	2	41	19	9	3		402	20	148	3,238	30	131

图 6-54　文本表

　　在上述案例 9 绘制的热图的基础上，若要用颜色来区分不同电影类型数量的多少，则可以单击工具栏中的"智能显示"按钮，选择"突出显示表"选项查看效果，如图 6-55 所示。

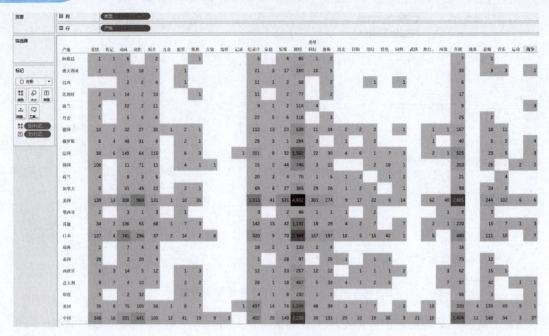

图 6-55　突出显示表

在上述案例 9 绘制的热图的基础上，若要对各国不同类型电影数量的数据分布进行快速而深入的分析，则可以单击工具栏中的"智能显示"按钮，选择"盒须图"选项查看效果，如图 6-56 所示。［注：盒须图又称箱线图，它包含一组数据的最大值、最小值、中位数和两个四分位数。盒须图最大的优点就是不受异常值（异常值也称为离群值）的影响，它能以相对稳定的方式描述数据的离散分布情况，关于盒须图绘制的具体原理，请查阅相关资料自行学习。］

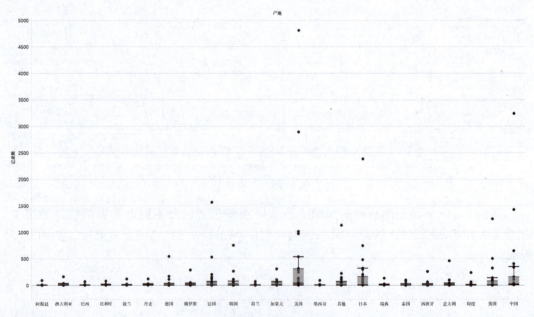

图 6-56　盒须图

案例10：绘制电影评分直方图，按0.5分统计评分的频度。

直方图又称质量分布图，是一种几何形图表，它是根据从生产过程中收集到的质量数据分布情况，画成以组距为底边、以频数为高度的直方型矩形图。直方图的绘制过程中会涉及一个概念——数据桶，数据桶是将原始数据中的某个变量字段的值分成不同的类（类似于数据挖掘中的分类），默认情况下，Tableau会自动创建数据桶，用户也可以手动创建直方图。绘制电影评分直方图的具体步骤如下。

步骤1：对度量中的"评分"字段创建数据桶，如图6-57所示。然后，会弹出"编辑级[评分]"对话框，这里将"新字段名称"设置为"组距"，将"数据桶大小"改为0.5，如图6-58所示，单击"确定"按钮，将在维度中生成数字数据桶"组距"。

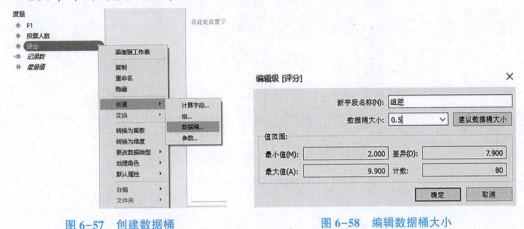

图6-57　创建数据桶　　　　　　　　图6-58　编辑数据桶大小

步骤2：将"记录数"字段和"组距"字段分别拖至"行""列"功能区，并将"记录数"字段拖至"标记"卡中的"标签"中，生成如图6-59所示的直方图。

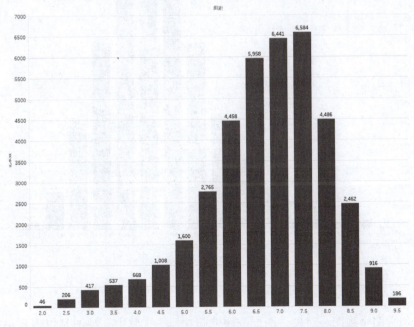

图6-59　添加"记录数"字段和"组距"字段后的直方图

步骤3：编辑组距，方法是单击维度中的"组距"字段，在弹出的菜单中选择"别名"命令，进入"编辑别名[组距]"对话框，如图6-60所示，按照"左闭右开"的区间表达形式，阐述组距的含义。例如，组距"2.0"表示"评分大于或等于2.0分，且小于2.5分"，因此将"值（别名）"设置为[2.0-2.5)，以此类推，可以清楚地表达组距含义。单击"确定"按钮后即可生成如图6-61所示的直方图。

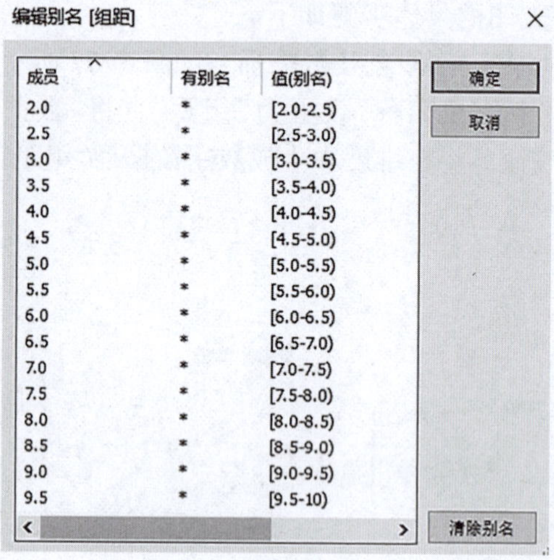

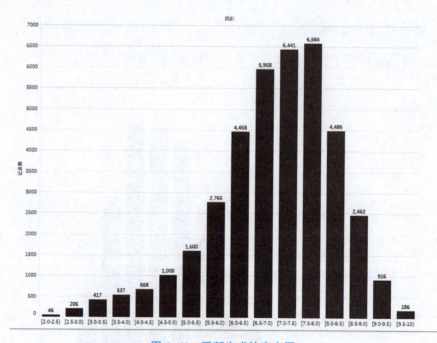

图6-60　编辑组距

图6-61　重新生成的直方图

6.2.4　仪表板的制作与发布

仪表板包含多个视图、对象、图标或快速筛选器等，其中，视图是仪表板最重要的组成部分。一般情况下，仪表板中包含一张或多张相关的工作表视图，可以方便地汇总、对比和浏览数据表。在创建仪表板时，可以选择工作簿中的任何一张或多张工作表添加到视图，也可以为仪表板添加文本区域、网页和图像等对象。因为仪表板中的视图连接至它们表示的工作表，所以仪表板的内容会在更新工作表后实时更新。

基于 6.2.3 数据可视化案例涉及的工作表绘制仪表板，其主要用来对不同电影类型占比、各个国家电影平均得分、各个国家生产 Top3 电影类型数量的排序，以及电影评分分布等进行详细分析，有关工作表分别为"案例 2：电影产地与平均评分的树形图""案例 4(续)：Top3 电影类型的并条图""案例 7：电影类型占比饼图"和"案例 10：电影评分直方图"。

制作仪表板的具体步骤如下。

步骤 1：仪表板的新建。单击工作表标签右侧的"仪表板"图标，新建仪表板。

步骤 2：仪表板的大小设置。在"仪表板"选项卡下的"大小"下拉列表框中可以调整仪表板画布的大小。下面的工作表包含仪表板使用的工作表及当前显示的工作表，如图 6-62 所示。

步骤 3：仪表板的常用功能选项。"对象"选项卡的功能用于对仪表板进行设计。"水平"和"垂直"选项是两个容器，用来分配仪表板空间；"图像"选项用来在仪表板中插入图片；"网页"选项用来编辑 URL 链接；"文本"选项用来输入文本；"空白"选项用来新建空白容器；"平铺"和"浮动"选项用来控制"对象"窗口的显示方式，如图 6-63 所示。

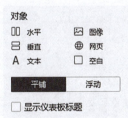

图 6-62　仪表板大小设置　　　图 6-63　仪表板的常用功能选项

步骤 4：仪表板的制作方式。先对仪表板的布局进行设计，这里主要使用"水平"和"垂直"选项对仪表板进行分割(也可以设置为浮动)。然后直接将工作表中绘制好的图表拖至仪表板中，调整摆放格式。

步骤 5：分别将"案例 7：电影类型占比饼图""案例 2：电影产地与平均评分的树形图""案例 4(续)：Top3 电影类型的并条图"和"案例 10：电影评分直方图"从左往右、由上至下拖至步骤 4 中设置好的"水平"容器和"垂直"容器中，生成的仪表板如图 6-64 所示。

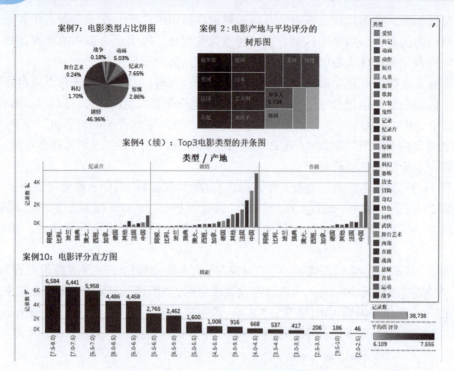

图 6-64　生成的仪表板

步骤 6：从设置"浮动""隐藏标题""编辑轴"等多方面美化步骤 5 中生成的仪表板，美化后的仪表板如图 6-65 所示。

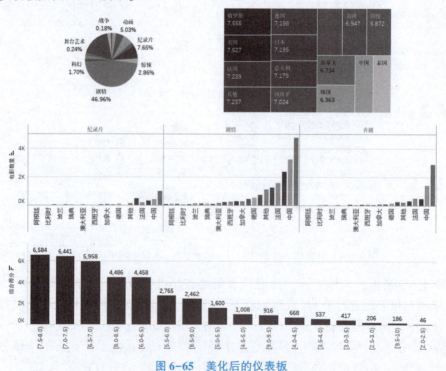

图 6-65　美化后的仪表板

步骤 7：发布可视化成果。单击工具栏中的"分享"按钮，进入图 6-66 所示界面。这里可以配置服务器地址，也可以注册并登录 Tableau 后完成工作簿在 Tableau 云端的发布，登录、注册、注册成功界面分别如图 6-67~图 6-69 所示。

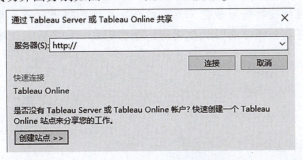

图 6-66　配置服务器地址

图 6-67　登录界面　　　　　　　　图 6-68　注册界面

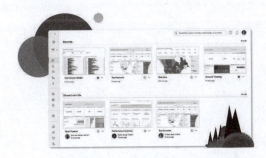

图 6-69　注册成功界面

拓展训练

挑选一个本章推荐的数据可视化工具，结合八爪鱼数据采集器获取的数据，通过前面内容中的数据预处理和数据分析后，使用最终数据完成一份可视化仪表板的制作并发布。

第三部分
科学研究篇

第7章 陕西高等教育教学改革研究项目立项申报书案例

项目主持人：邓海生。

项目题目：新文科视域下复合型新闻传播人才数据素养培养模式研究与实践。

项目获批时间：2022 年。

项目编号：22SZJY0415。

项目申报书的主要内容如下。

1. 项目研究背景与现状分析

（1）新文科时代对新闻传播人才培养提出了新要求。

新文科建设以全球新科技革命、新经济发展为背景，突破传统文科思维模式，通过继承创新、交叉融合，实现文科教育的更新升级。教育部高等教育司原司长吴岩在《全面推进新文科建设》中指出：把握专业优化、课程提质、模式创新"三大重要抓手"，培养适应新时代要求的复合型文科人才。其也在《加强新文科建设，培养新时代新闻传播人才》中指出：新时代需要的新闻传播人才，不仅应熟悉报纸、广播、电视等传统媒体，还要主动拥抱新媒体、学习新技术，利用国际上能够接受的方式讲好中国故事，提升中国国际话语权。河北大学新闻传播学院教授白贵表示，智能化信息传播新时代对新闻传播人才培养提出了全新要求，在传统媒体从业人员采编核心能力的基础上，增加了数据素养、创新能力、"互联网+"思维、多媒体技术等新的要求。

（2）传媒行业发展对新闻传播人才的数据素养提出相应的要求。

在大数据时代，媒体往往通过挖掘数据的方式展开新闻报道，运用数据挖掘、统计、分析及可视化处理全面捕捉用户的心理和行为特征，以提高报道质量，增强传播效果，新闻的生产者从简单的描述者转变为解读者，传媒行业的作业方式发生了重大转变。腾讯新闻发布的《中国传媒人才能力需求报告》显示，在大数据时代，从数据碎片中还原和挖掘内容的能力成为一个传媒从业者的优势。因此，依据新闻传播人才培养规格，研究数据素养内涵，实施数据素养要素培养，是实现现代新闻传播人才供给侧改革的必由之路。

（3）新闻传播人才数据素养内涵及培养途径研究。

通过知网检索关键词"媒介(体) 数据素养",共检索出 21 篇文章,检索"新闻传播(教育) 数据素养",共检索出 15 条结果,检索结果显示,国内外对数据素养研究的学术成果并不丰富。陈维以高校新闻传播学本科生、硕士研究生为调查对象,采用问卷调查的方式进行数据素养研究,在《面向新闻传播学大学生数据素养的现状的调查与分析》一文中指出:数据素养主要包含数据意识、数据能力、数据伦理三大方面。其研究着重对数据素养的内涵进行解读,指出了数据素养培养存在的问题,但对数据素养培养的有效模式和路径的探索还略显薄弱,同时存在文献分析不足的缺陷。

美国新媒体联盟(New Media Consortium,NMC)于 2015 年提出了当代媒体人才应具备的数据素养,主要内容如下。

(1)通识素养:使用数字化工具的能力。

(2)创新素养:通识素养基础上的创新能力。

(3)跨学科素养:不同学科融会贯通的能力。

上述数据素养存在未能植根于国情及要素太宽泛的问题。

检索、分析国内外文献资料发现:研究主要集中在数据素养培养策略、思辨性观点等方面,鲜有文献提及新闻传播人才数据素养培养途径研究,针对新闻传播人才数据素养进行培养模式研究的相关文献没有检索到。

2. 项目研究实践的基础

(1)教学实践基础。

学校基于新文科建设背景,确立复合型新闻传播人才的培养目标,遵循融合创新理念,面向行业社会需求,构建"跨学科、大平台、模块化"人才培养体系,设置"新闻传播+计算机技术"等跨学科交叉融合专业课程模块。计算机技术专业课程模块涵盖"数据新闻""新媒体数据分析及可视化"和"新媒体数据挖掘"。下文统一称为"数据素养培养课程群"。具体情况如下:"数据新闻",64 学时,其中 32 学时理论、32 学时实践,选用教材为《数据新闻实战》(刘英华著,电子工业出版社出版);"新媒体数据分析及可视化",64 学时,其中 16 学时理论、48 学时实践,选用教材为《数据分析从入门到进阶》(陈红波、刘顺祥等编著,机械工业出版社出版);"新媒体数据挖掘",48 学时,其中 16 学时理论、32 学时实践,选用教材为《Python 数据分析、挖掘与可视化》(董付国编著,人民邮电出版社出版)。

该课程模块教学实施 3 年,积累了丰富的教学经验、教学资源,有效提升了网络与新媒体专业、新闻学专业学生的数据素养。虽然几经教学研究与改革,但教学实践中存在的如下问题仍需进一步解决。

①教学效果欠佳:新闻传播类专业招生以文科为主,学生总体缺乏数据思维及数据科学相关理论知识与基本技能,而现有线上资源、线下教材大多采用了与计算机专业趋同的教学内容、侧重点,学生普遍感到难度偏大。

②教材内容重叠:"新媒体数据分析及可视化""数据新闻""新媒体数据挖掘"等课程的出版教材中,均涉及数据采集、数据可视化相关内容,如 Excel、Tableau、GooSeeker 等工具软件的讲解。

③特色教材缺乏:"新媒体数据分析及可视化""数据新闻""新媒体数据挖掘"等课程的出版教材中,均存在教学案例与传媒行业契合度不高、数据素养培养特色不明显的缺陷。

(2)调查研究基础。

项目组围绕数据素养培养课程群的课程资源建设与开设情况进行了调研、分析，以期拓展数据素养培养新途径，具体调研如下。

①课程资源建设情况调研。在中国 MOOC（Massive Open Online Courses，大规模开放在线课程）大学平台进行关键词检索，然后实施数据爬取、分析，如表 7-1 所示。经过对教学内容深入研究后认为：优质线上资源缺乏，国家精品课中，仅有中国传媒大学沈浩教授主讲了"新媒体数据挖掘"课程，仅有武汉学院、江西财经大学、南京传媒学院 3 所高校有教授主讲了"数据新闻"课程；教学内容与传媒行业契合度低，仅有中国传媒大学沈浩教授的"媒体大数据挖掘与案例实战"、华中科技大学余红教授的"新媒体用户分析"两门课程紧密依托传媒行业。

表 7-1　数据素养培养课程群 MOOC 教学资源

检索关键词	爬取课程数	高度相关课程数	有效课程来源高校
数据可视化	297 门	8 门	郑州大学、中国传媒大学、西南财经大学、暨南大学、江西财经大学、北京理工大学、南通科技职业学院、南京传媒学院
数据新闻	198 门	3 门	武汉学院、江西财经大学、南京传媒学院
新媒体数据挖掘	239 门	2 门	中国传媒大学、华中科技大学

②数据素养培养课程群开设情况调研。对开设新闻传播类专业的高校进行了问卷调研，有 38 所高校参与调研，高校类别涵盖省属与部属高校、应用型与研究型高校、国办与民办高校，调研样本较全面。分别从数据素养培养课程群开设情况、教育教学问题、对策建议 3 个方面展开问卷调研，如图 7-1~图 7-3 所示。结论是：数据素养培养课程群开设是必要的，这在高校之间已经达成共识；影响数据素养培养课程群教育教学的主要因素包括师资队伍、教学资源、学情分析、协同育人模式等。

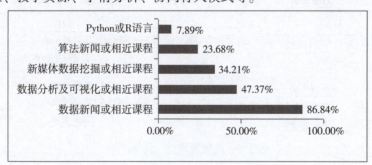

图 7-1　数据素养培养课程群开设情况

图 7-2　数据素养培养课程群教育教学问题分析

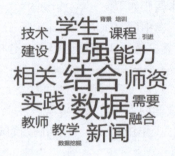

图7-3　数据素养培养课程群教学建议词云图

（3）理论研究基础。

项目组在相关研究论文《新文科背景下传媒类专业复合型人才培养模式探索与实践》中指出："融合创新"是新文科背景下传媒类人才培养的核心理念，既要实现传媒类专业之间的内在融通，又要实现新闻传播与艺术、计算机、经济管理等的跨学科融合，为学生适应社会生活、解决行业复杂问题及面向未来提供新的分析框架和逻辑路径。"融合创新"为复合型新闻传播人才数据素养的培养提供了逻辑起点和理论研究基础。

项目组对数据素养进行理论研究，积累了一定的研究成果，如图7-4所示，对数据素养从数据意识、数据能力和数据伦理等方面进行了细化、分类，为进一步研究新闻传播人才数据素养核心要素奠定了理论基础。

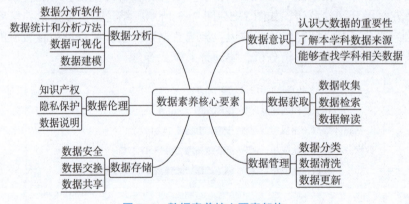

图7-4　数据素养核心要素架构

3. 研究内容

项目以新文科倡导的融合创新理念为主线，以新闻传播人才数据素养要素体系为指导，以跨学科师资队伍建设和产学研协同育人机制建设为保障，重构数据素养培养课程体系，优化数据素养培养教学内容，建立课程教学质量评价标准，培养具有较高数据素养的复合型新闻传播人才，如图7-5所示。

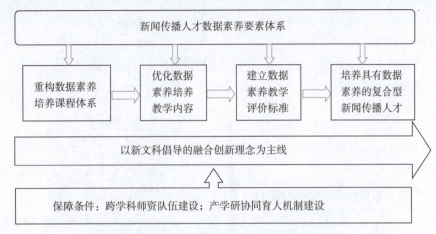

图7-5 复合型新闻传播人才数据素养培养模式

（1）从理论研究层面，进一步研究新闻传播人才数据素养构成要素。

首先，数据素养既是通识素养，更是专业素养，因此培养途径上要着力于专业课程体系构建与教学实施；其次，数据素养要体现新闻传播人才的特质，而不同于其他专业人才的数据素养，因此要根据新闻生产的各环节中所需要且最突出的能力构建数据素养的核心要素，如新闻积累阶段的数据管理能力、新闻采访阶段的数据获取能力、新闻写作阶段的数据解读能力、新闻编辑阶段的数据处理能力、新闻发布阶段的数据传达能力等；最后，数据素养的核心要素要有科学的构建依据且能被明确地量化权重，因此在要素分析上应扎根理论研究，综合分析新闻传播行业人才规格要求，以及近些年来有提及数据素养概念的论文中研究者所做的要素分类，然后对数据素养要素进行述评、统计提及率，依据要素提及率确定核心要素有哪些，依据此研究结果进行问卷设计，对新闻传播在校学生、行业人士和教师进行调研，对上述要素进行增、删和权重排序，进而确定新闻传播人才数据素养的核心要素及权重，为后续教育教学提供依据。

（2）从人才培养层面，探索新闻传播人才数据素养的培养路径。

①重构课程体系，优化教学内容，建设教学资源。分析现有数据素养培养课程资源（包括线上教学课程和纸质教材）现状，对"数据新闻""新媒体数据分析及可视化""新媒体数据挖掘"课程的知识点和技能点进行梳理、优化、重组，并建设线上、线下教学资源。将教学内容分为：数据科学篇（以基础原理讲解为原则，包括数据清洗与预处理、线性回归、线性分类、决策树等）、工具篇（以突出实用为原则，包括用于数据采集、数据分析、数据可视化、数据挖掘等的相关流行工具）、软件篇（讲授Python语言，以学生具备读代码和仿写代码能力为目标，淡化代码编写能力要求）、实战篇（突出业务相关性原则，以媒体行业及科研项目为主要案例来源）。拟重构的数据素养培养课程体系如图7-6所示。

上述优化的教学内容依次为数据科学模块、数据分析及可视化工具模块、Python语言模块和新媒体数据实战模块。每个模块即一门课程，后续在教学改革中，探索分配合适的学时及实践学时占比，并按此先后关系开设重构数据素养培养的课程体系。

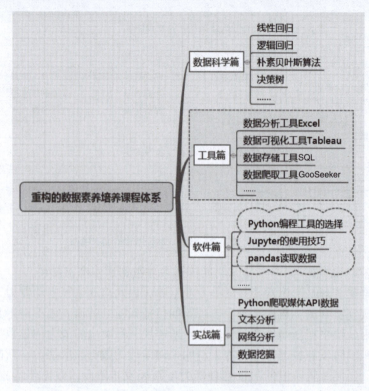

图7-6 拟重构的数据素养培养课程体系

②建立数据素养教学评价标准。重构数据素养培养课程群以后，围绕教学内容（知识点、项目、案例等）、内容来源（教材示例、企业案例、科研项目等）、学生活动、教师活动、教学方法、数据素养要素等展开教学过程设计，构建教学实施与数据素养培养之间的量化关系，实现对数据素养教学质量的量化评价，如表7-2所示。例如，若教学内容来源于传统教材，则支撑度设为1；若教学内容来源于企业案例，则支撑度设为2；若教学方法采用讲解法，则支撑度设为1；若教学方法采用头脑风暴，则支撑度设为2，进而围绕每一个知识点（技能点）展开的教学实践，对于数据素养要素的培养支撑度是不同的，那么整门课程对于数据素养要素的培养支撑度是可以计算出来的。

表7-2 基于数据素养培养的教学设计样表

知识点编号	教学内容	内容来源	学生活动	教师活动	教学方法	数据素养要素	数据素养要素支撑度
1	…	…	…	…	…	…	…

（3）从保障条件层面，探索跨学科师资队伍和产学研协同育人机制建设。

①建设跨学科师资队伍，提升数据科学教育教学水平。采用外部引进与内部培养相结合的方式，建设跨学科师资队伍，提升数据科学教育教学水平。内部培养着力实施"四个一"工程，即要求相关教师每学期参加一次数据科学学术会议、每学期完成一项与大数据相关企业的合作项目、每学期创作一部数据新闻作品、每学期完成一项相关教科研成果，进而提升教师数据科学的教育教学能力、实践指导能力和科研能力。

②探索产学研协同育人模式，改革实践教学模式。成立产学研协同育人的"三维"平

台，包括西京学院智媒体传播研究中心(确立了大数据与舆情分析研究方向)、西京学院融媒体运营中心(服务新闻学、网络新媒体等传媒专业群的实践教学基地)、西京学院数据新闻工作室(对接市场化运营的企业、承接实体项目)。依托"三维"平台，建设企业案例库、科学研究项目库和实习实践项目库，并反哺第一课堂，营养第二课堂，实现第一课堂与第二课堂的衔接与渗透。同时，实践教学的空间环境可以是校内的"三维"平台，也可以延伸至传媒业界的数据新闻机构、舆情机构等，鼓励学生"走出去"，参与数据新闻的制作和传播，感知智媒时代新闻传播教育的数据转向和变化。

4. 研究目标

总体目标是为新闻传播人才数据素养的培养提供一套切实可行的方案，具体目标包括以下几个。

(1)研究新闻传播人才数据素养的构成要素。

(2)建构数据素养培养体系，包括课程体系设置、核心课程建设等。

(3)探索数据素养培养行之有效的教学模式和教学方法。

(4)建设一支"跨学科、应用型、复合型"的数据素养培养所需的骨干师资队伍。

(5)探索产学研协同育人模式，为实施现代产业学院教学模式提供实践基础。

5. 要解决的教学问题

(1)新闻传播人才数据素养内涵界定不明晰。目前，对数据素养内涵的研究主要集中于从学科的角度开展数据素养及其教育的差异性研究，包括数据素养培养机制的构建、数据素养培养策略的思考、数据素养教育活动的开展等，一般认为，数据素养应包括数据意识、数据能力和数据伦理三个方面。但对于新闻传播人才数据素养内涵及要素分解、解读，缺乏相关的理论与实践研究。新闻传播人才培养不应该只是把数据素养作为一种通识素养来培养，还应该结合新闻传播类专业的特性和传媒行业对人才培养的需求，从专业素养培养的层面，对数据素养的内涵提出明确的界定要素。

(2)新闻传播人才数据素养培养体系不合理。在调研的大多数高校中，通过开设与大数据相关的几门课程实现对学生数据能力的培养，但开设课程存在内容区分度弱、教学内容重复、优质教学资源(尤其是线上资源和实训案例资源)缺乏的问题，各高校对开设的课程是否合理，理论课时和实践课时如何设置，开设课程的相互关系等，都处在探索和摸索阶段。除了开设相关的课程，鲜有其他的培养内容和培养途径。从人才培养目标定位、课程体系构建、教学内容更新、教学模式改革等，按照从宏观到中观再到微观的思路，进行数据素养培养模式的研究与实践更是不足。

(3)新闻传播人才数据素养保障机制不健全。数据素养的培养，不但需要科学完善且有针对性的培养体系，还需要具备数据素养的跨学科交叉融合的师资队伍。目前师资队伍建设存在几个问题，一是缺乏具有计算机、大数据等学科背景的教师；二是原有的新闻传播学科教师转型数据科学教学难度大；三是计算机、大数据背景教师与新闻传播学科背景教师交叉融合度低，难以形成合力。同时，数据素养培养的落脚点仍是面向新闻传播行业所需的复合型人才的培养，无论在实验实践条件还是育人模式上都应同步建设和转型，搭建产学研协同育人平台、探索多方协同育人模式、推动实践教学改革就成为必须。

(4)新闻传播人才数据素养培养效果不佳。数据素养的培养是新闻传播类学生适应大数据时代应握紧的利器，但新闻传播类学生大多数是文科背景，对数据技术的理解和掌握存在较大的难度，总体缺乏数据思维及数据科学相关理论知识与基本技能，采用与计算机专业趋同的教学内容、侧重点，学生普遍感到难度偏大。若没有合适的教材、学习资源和行之有效的教学方法，相应的支撑保障条件不足，则数据素养培养的效果将大打折扣，使数据素养的培养成为学生的累赘和负担，从而也与行业需求相距甚远。

6. 主要研究方法

（1）文献分析方法：主要在新闻传播人才数据素养要素分析阶段采用，研究过程借鉴扎根理论，重点分析近些年来有提及数据素养概念的论文中研究者所做的要素分类，并对这些文献中所提及的国内、外数据素养要素进行述评、统计提及率，依据要素提及率确定核心要素有哪些。

（2）问卷调查方法：主要在新闻传播人才数据素养核心要素研究阶段采用，拟将文献分析阶段确定的核心要素做成电子问卷，调查对象为3类群体，分别为在校学生、行业人士和高校教师，按照0~5颗星的投票标准对核心要素进行投票，统计各个核心要素的投票率后确定核心要素的权重。

（3）逻辑分析研究方法：主要体现在人才培养模式设计阶段，采用"宏观-中观-微观"的逻辑研究方法。数据素养的培养宏观层面体现在课程体系的构建上，保证有合理的课程给予数据素养培养的支撑；中观层面体现在教学内容上，保证有合适的教学内容作为数据素养培养的载体；微观层面体现在教学模式设计上，保证有科学的教学方法、教学手段提升数据素养培养效果。

（4）定量分析方法：主要体现在数据素养教学评价标准建立阶段，依据教学大纲，对教学内容进行拆解，生成知识清单（含技能点），然后针对每一个知识点（技能点）设置好教学内容、课堂教学设计，确定对标支撑的数据素养要素。不同的教学内容来源和课堂教学设计对于数据素养要素的支撑度是不同的，也就是说是可以量化的，进而分析教学实施对数据素养培养的达成度。

（5）实践研究方法：主要体现在人才培养模式践行全过程，通过优化教学内容、编写合适的云教材、提供合适的学习资源、采用行之有效的教学方法和建设良好的支撑保障条件，全过程服务于新闻传播人才数据素养的培养。

7. 主要特色

（1）理论成果将填补新闻传播人才数据素养研究空白。研究新闻传播人才数据素养构成要素，从数据意识、数据能力、数据伦理等方面进行要素细化、诠释，将填充相关领域理论研究空白，并将指导开设新闻传播类专业的高校开展数据新闻、数据传播等方面的教育教学实践，培养新闻传播人才数据素养，提升复合型新闻传播人才培养质量。

（2）探索的数据素养人才培养模式具有范式效应。以新文科融合创新为主线，以数据素养内涵及要素体系为指导，以跨学科师资队伍和产学研协同育人模式建设为保障，对课程体系进行重构，对教学内容进行优化，建立数据素养培养支撑矩阵，培养具有数据素养的复合型新闻传播人才。该模式有理（"融合创新"的理念）有据（数据素养要素为依据）有方案（"人才培养定位-课程体系-课程内容-课程评价标准"的实施方案），值得借鉴与推广。

（3）数据素养培养课程群云资源的建设将补齐相关教学资源短板。立足新闻传播人才以文科生为主的学情，围绕数据科学模块、数据分析及可视化工具模块、Python 语言模块和新媒体数据实战模块，撰写云教材，建设产学研融合协同育人的案例库、项目库等，将解决线上优质教学资源欠缺、线下特色教材缺乏的问题，实现教学资源的云共享。

第8章 教育部人文社会科学研究项目申报书案例

项目主持人：邓海生。
项目题目：大学生数据素养评价体系理论及实证研究。
项目获批时间：2023 年。
项目编号：23YJAZH022。

项目申报书的主要内容如下。

1. 选题意义及研究价值

自 20 世纪 90 年代以来，互联网狂潮开始席卷全球。相关的信息产业技术得到迅猛发展，大量的用户涌入互联网世界，他们既是信息的生产者，也是信息世界的原住民。各种信息都逐渐以数据化的形式汇聚到一起，形成数据的海洋，如此就构建了大数据世界。数据资源已经上升到国家战略层次，诸如大数据金融、大数据政务、大数据精准扶贫，大数据已经深入我国政治、经济、生活的方方面面，对于社会各个阶层的数据意识、数据能力等方面的要求也越来越高，数据素养的概念也逐渐成形，并被人们所重视，我国学术界的学者从其内涵、理论模型、评价指标、教育等角度进行了全方位的研究，但研究还处于初级阶段。

在高等教育领域积极开展数据素养教育是提升全民数据素养、提高创新创造能力、应对未来数智时代的必然要求。也就是说，数据素养培养既是我国高校素质教育的重要组成部分，也将成为我国整体教育规划的核心内容。通过具体调研发现，我国高校在数据素养培养方面尚处于起步阶段，主要体现在数据素养内涵理论研究不足导致教育体系、课程设置、教学内容及第二课堂相关活动缺乏理论指导，数据素养评价体系不完善导致大学生数据素养及教育教学质量难以评价，使数据素养培养水平远远不能满足大学生群体的需求。那么，如何客观地评价大学生数据素养水平？如何科学地实施数据素养培养？这是急需解决的关于数据素养命题的"一体两面"。

因此，如果能够在充分分析当前大学生数据素养需求和特征现状的基础上，综合多种研究方法，实现数据素养评价指标的内涵诠释并合理赋权，科学构建数据素养评价体系，并将该评价体系作为数据素养人才培养模式的理论依据，设计第一课堂、第二课堂数据素养培养实施方案，指导教学资源建设，改革教学方法及手段，构建数据素养知识图谱；通过实证研究测评学生个体乃至群体数据素养水平，完成个体数据素养画像从而实现基于知识图谱的教学内容精准推送，完成群体数据素养画像从而实现数据素养培养实施方案的迭代更新，那么该研究将为我国的数据素养教育提出具有成效性的建议，将对我国高校数据素养教育水平的提高起到积极推动作用。

（1）理论价值。

目前，对数据素养内涵的研究主要集中于从学科的角度开展数据素养及其教育的差异性研究，包括数据素养培养机制的构建、培养策略的思考、数据素养教育活动的开展等。一般认为，数据素养应包括数据意识、数据能力和数据伦理3个方面。但对于大数据时代急需的复合型人才的培养，不应该只是把数据素养作为一种通识素养来培养，还应该结合专业特性、行业需求等从专业素养培养的层面，对数据素养的内涵提出明确的界定要素。因此，关于数据素养指标的内涵研究将率先考虑对知名招聘网站信息应用文本分析技术进行深度分析，深化数据素养内涵及评价体系研究，填补相关领域研究空白。同时，基于数据素养评级指标体系，依据数据科学生命周期，即"需求分析→数据采集→数据存储→数据预处理→数据分析→数据可视化→撰写报告"等7个阶段，分类整合数据素养指标及其权重，并构建数据素养知识图谱，也将填补相关领域研究空白。

（2）实践意义。

将构建的数据素养评价体系作为设计嵌入式数据素养教育方案的理论依据，按照"数据素养通识能力→学科交叉融合意识→数据分析能力→科学研究能力"数据素养进阶式提升的培养逻辑，遵循"需求分析→数据采集→数据存储→数据预处理→数据分析→数据可视化→撰写报告"的数据科学生命周期，创新设计数据素养人才培养模式，综合应用"数据素养测评画像"和"知识图谱精准知识推荐"实现自适应数据素养学习模式，对于我国开展数据素养教育工作有着重要的实践指导意义，对于开展其他综合素质教育也有借鉴价值。

2. 国内外研究现状述评

国内当前对于数据素养的研究主要集中在：大数据、互联网等时代性背景下的数据素养概念内涵、现状、需求和战略等自身因素的研究；通过对相关数据素养教育体系和培养机制的研究，发现我国数据素养教育体系和培养机制需要完善和发展的地方，并研究出各类适应性的教育培养模式；通过对科研数据的相关领域进行研究，发现我国在数据管理和数据服务方面需要改进的部分；数据素养的指标性研究刚刚起步，主要借鉴信息素养评价体系内容及研究方法。

国外在数据素养的研究方面有着较为久远的历史，各个专业的专家、学者对其研究的广度和深度都较大，但国外对于数据素养本身概念的研究与国内有所区别，偏向于将数据与信息素养进行共同研究，而国内偏向于将数据素养分离独立进行研究。因此，在数据素养的独立概念研究上，国外学者反而略逊于中国。其主要的研究方向集中在数据素养和信息素养的特性研究、数字图书馆管理、数据素养教育、科研数据等，对于数据素养评价系统的研究依然不足。

综上所述，国内外对数据素养的研究都已初见成效，但是对于数据素养的定义还未得出权威性结论，衡量教育效果的"尺度"——数据素养评价体系，还未形成一个较为系统全面的研究结果，以数据素养评价体系作为指导数据素养培养模式的理论及实证研究更是无从谈起。

3. 研究目标及研究内容

我国高校在数据素养教育方面处于起步阶段，缺乏符合时代要求、专门针对大学生群体特征和需求的评价体系，更谈不上在数据素养评价体系指导下系统地开展数据素养人才培养工作，数据素养教育体系和课程设置大都不完善，教育水平远远不能满足大学生群体的需求。因此，本项目旨在科学地构建大学生数据素养评价体系并进行人才培养模式改革实证研究。

主要研究内容如下。

（1）构建大学生数据素养评价体系。首先，依据大学生群体进行专门特征性、需求性调研判断及对当前数据素养教育情况的调研分析，综合对知名招聘网站的招聘信息应用数据挖掘技术进行深度分析的结果，确立评价指标体系初表。其次，通过大学生群体和专家的两次指标体系确认后，完成对相关指标归纳、删减和用语修改工作，构建数据素养指标体系表。最后，运用层次分析法和德尔菲法，得到准则层与指标层各项的判断矩阵，然后进行指标权重确定与一致性检验后，形成权重汇总表。

（2）构建大学生数据素养知识图谱。对大学生数据素养评价体系的指标及权重按照数据科学生命周期的"需求分析→数据采集→数据存储→数据预处理→数据分析→数据可视化→撰写报告"7个阶段归类合并，形成知识图谱的核心节点，数据素养指标作为次级节点，然后将相关知识、技能、教学资源、推荐的教学活动等与之形成关联，最终构建出大学生数据素养知识图谱。

（3）建设数据素养云教学内容平台。基于构建的大学生数据素养知识图谱涉及的知识、技能，实现教学资源建设并共享云平台，教学资源力求多维度的多元化。维度一：形式多元化，包括文本、音/视频等。维度二：内容多元化，包括经典数据分析案例集、经典数据分析故事集、大数据思维拓展训练集、系列实训指导书、科研项目、学术讲座相关资源、学科竞赛案例库、数据素养测评题库。

（4）开展嵌入式数据素养教育。从人才培养目标定位、课程体系构建、教学内容更新、教学模式改革等方面出发，设计嵌入式数据素养教育方案，即按照"数据素养通识能力→学科交叉融合意识→数据分析能力→科学研究能力"数据素养进阶式提升的培养逻辑，开设相关专业课程与公共选修课程、开展科研讲座与科学研究等，将数据素养教育嵌入学生的专业课程学习、具体的科研生命周期，深入科研活动的各个环节和教学活动的具体课程，培养学生数据素养意识和数据批判思维，并熟练掌握数据处理、数据检索、数据分析、数据筛选等相关技能。数据素养评价体系与嵌入式课程体系的映射关系如表8-1所示。

表8-1 数据素养评价体系与嵌入式课程体系的映射关系

嵌入式课程体系	培养目标	教学实施过程
开设公共选修课程	培养数据素养通识能力	第一步：对标数据素养评价体系的指标梳理相关知识目标、能力目标，进行教学设计（教学目标、教学内容、教学活动、内容来源等） 第二步：按照"需求分析→数据采集→数据存储→数据预处理→数据分析→数据可视化→撰写报告"的数据科学生命周期组织实施教学 第三步：依据教学实施及大学生数据素养测评反馈，迭代更新教学设计并同步实施教学改革
增设专业平台课程	培养相关学科与计算机科学交叉融合意识	
开设专业核心课	将数据素养培养融入相关行业业务，夯实相关行业的数据分析能力	
开展学术讲座及学科竞赛活动	提升相关科学研究能力	

（5）实现大学生数据素养测评及画像。依据数据素养评价体系的二级指标内涵设计问卷（自我评价）与题库（客观评价），并对自我评价和客观评价加权后对被调查大学生群体的数据素养水平情况进行评估，进而实现对数据素养评价体系普适性和可行性的实证性研究。通过对比开展嵌入式数据素养教育不同阶段；评估大学生数据科学素养水平，以及嵌入式数据素养教育方案实施的有效性，进而实现基于知识图谱的教学内容的精准推送和数据素养培养实施方案的迭代更新。

拟突破的重点：在充分辨析数据素养、信息素养、数字素养的基础上，将数据科学生命周期理论作为逻辑指导，综合应用文献归纳法、德尔菲法、问卷调查法、层次分析法等方法，特别应用海量招聘信息的文本分析法，实现数据素养评价指标的选取、数据素养评价指标体系的确定、数据素养指标体系权重的确定。

拟突破的难点：在大学生数据素养评价体系的理论研究阶段，如何完成评价体系与数据素养人才培养模式的科学对标，实现知识图谱构建、教学资源云平台建设；在数据素养水平测评环节，如何高度契合数据素养指标内涵，然后结合布鲁姆教育教学理论设计多元化的测评试题（活动），以期准确评估大学生数据素养水准，实现数据素养的个体及群体画像，迭代指导学生数据素养自适应学习及人才培养模式改革。

4. 主要研究思路

课题主要围绕"理论研究→实证准备→实证研究"的思路开展研究，如图8-1所示。理论研究阶段：综合多种研究方法，实现数据素养评价指标的内涵诠释并合理赋权，然后依据数据科学生命周期的"需求分析→数据采集→数据存储→数据预处理→数据分析→数据可视化→撰写报告"7个阶段归类指标及权重，科学构建数据素养评价体系。实证准备阶段：将数据素养评价体系作为理论依据，梳理知识清单、能力清单等，指导数据素养云平台建设、教学模式设计、学生画像、知识图谱构建。实证研究阶段：完成个体数据素养画像从而实现基于知识图谱的教学内容精准推送，促进个体自适应学习模式改革，完成群体数据素养画像从而实现数据素养培养实施方案的迭代更新。

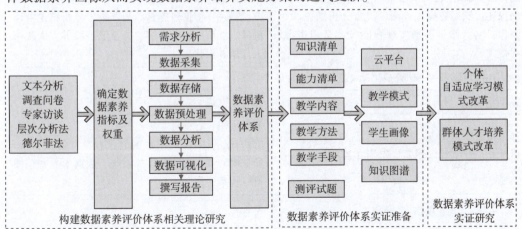

图 8-1 课题主要研究思路

5. 研究内容、方法及计划进度

课题主要研究阶段及研究方法如表8-2所示。

表 8-2 课题主要研究阶段及研究方法

阶段一：理论研究——构建数据素养评价体系（周期：6个月）	
步骤1：确定数据素养指标及权重	步骤2：构建数据素养评价体系
研究方法： 文本分析法：海量招聘信息 扎根理论：相关文献 问卷调查法＆深度访谈：大学生、教师、专家 层次分析法和德尔菲法：数据素养评价体系	研究方法：聚类分析法，即对数据素养指标按照数据科学生命周期的"需求分析→数据采集→数据存储→数据预处理→数据分析→数据可视化→撰写报告"7个阶段归类合并

阶段二：实证准备——前期准备工作（周期：6个月）			
内容1：设计教学模式	内容2：建设教学云平台	内容3：学生评测及画像	内容4：构建知识图谱
研究方法：论证法 方法描述：对标数据素养指标，按照"宏观（人才培养目标）-中观（教育体系）-微观（教学内容、方法及手段）"设计教学模式，包括教学活动的设计、教学内容、教学方法等	研究方法：分类法 方法描述：按照数据科学生命周期的"需求分析→数据采集→数据存储→数据预处理→数据分析→数据可视化→撰写报告"7个阶段分阶段建设	研究方法：软件开发 方法描述：开发数据素养评测系统，通过设计问卷（自我评价）与题库（客观评价），对自我评价和客观评价加权后评测分析并能实现个体及全体画像	研究方法：软件开发 方法描述：开发数据素养知识图谱构建系统，能够实现数据科学生命周期阶段、知识、技能、教学资源、推荐的教学活动等之间的关联知识图谱，并依据学生测评画像实现智能推荐

阶段三：实证研究——教学实践（周期：6个月）	
内容1：大学生数据素养自适应学习模式改革	内容2：大学生数据素养人才培养模式改革
研究方法：教育实验法 方法描述：依据数据素养测评报告分析结论为个体画像，然后知识图谱实现智能推荐学习资源、学习模式等	研究方法：教育实验法 方法描述：依据数据素养测评报告分析结论群体画像，然后从教学内容、方法及手段等方面改革人才培养模式

阶段四：预期成果——研究成果凝练总结（周期：6个月）	
内容1：理论成果总结	内容2：实践成果推广
研究方法：经验总结法 方法描述：撰写研究报告、发表学术论文、编写专著等	研究方法：行动研究法 方法描述：推广应用数据素养教学资源云平台、数据素养测评及画像软件系统、数据素养知识图谱软件系统等

6. 研究基础及条件保证

（1）主要理论研究基础：包括数据素养内涵研究、数据素养现状研究、数据素养培养模式研究、教学评价系统研究等。

（2）教学研究与改革基础：项目组主持多项数据素养相关教科研项目，如省教育厅教学研究与改革项目、高教研究学会素质评价课题等。项目研究包括面向我校本科生的数据素养现状调查研究、课程资源建设情况调查研究、数据素养培养课程群开设情况调研。

（3）有较好的制度保障：学校紧跟社会发展，紧密围绕人才需求规格的变化，预见性地对多学科交叉融合背景下的复合型人才教育培养等进行了理论研究与实践探索，立项建设了多项相关教育科学课题。

（4）项目组成员有较好的教研能力和较丰富的教研经验：项目组成员具有多学科交叉融合的学科背景知识，同时围绕创新应用型人才进行了多年教学实践，在课题上研究经验丰富，理论功底扎实。本项目组职称结构良好，分工明确，相关教学与科研成果丰硕。

参 考 文 献

[1]中华人民共和国人力资源和社会保障部等九部门. 加快数字人才培育支撑数字经济发展行动方案(2024—2026 年)[Z]. 2024-04-18.

[2]魏顺平，侯文婷，程罡. 大学生科学数据素养现状调查与提升策略研究[J]. 河北开放大学学报，2024，29(1)，71-76.

[3]高伟，郭书宏，吴悦昕，等. 双一流高校学生数据素养能力评价及提升策略[J]. 新世纪图书馆，2024(1)：27-34.

[4]陶映竹，赵昊彤，王萍，等. 大学生数据素养现状及提升策略研究[J]. 情报理论与实践，2020，43(12)：96-102.

[5]王洪禄，赵蓉英，汪静，等. 大学生数据素养能力评估研究[J]. 图书情报工作，2022，66(1)：7.

[6]陈桂芝. 大学生数据素养教育实践探索与思考[J]. 中国教育信息化·高教职教，2023(5)：60-63.

[7]杨洋，张宏，王琳琳. 基于文献计量的大学生数据素养现状及问题研究[J]. 中国科技资源导刊，2024，56(1)：1-7.

[8]王法玉，王璇，冯君胜. 大学生数据素养教育评价体系构建研究[J]. 图书馆工作与研究，2020(10)：96-101.

[9]郭晶晶，王玉，李燕波. 基于数据素养的大学生创新能力评价体系研究[J]. 中国教育信息化·高教职教，2022(3)：57-61.

[10]熊慧. 数据素养教育融入高校教学评价体系的探究[J]. 图书情报工作，2023，67(19)：75-83.

[11]李阳. 大数据时代大学生数据素养现状及提升路径研究[J]. 中国成人教育，2020(07)：104-109.

[12]戴维·赫佐格. 数据素养：数据使用者指南[M]. 沈浩，李运，译. 北京：中国人民大学出版社，2018.

[13]涂子沛. 数商[M]. 北京：中信出版集团，2020.

[14]涂子沛. 数文明[M]. 北京：中信出版集团，2018.

[15]林子雨. 大数据导论——数据思维、数据能力和数据伦理(通识课版)[M]. 北京：高等教育出版社，2022.

[16]乔丹·莫罗. 数据思维：人人必会的数据认知技能[M]. 耿修林，译. 广州：广东经济出版社，2022.

[17]安东尼·塞尔登，奥拉迪梅吉·阿比多耶. 第四次教育革命：人工智能如何改变教育[M]. 吕晓志，译. 北京：机械工业出版社，2019.